国家出版基金项目
NATIONAL PUBLICATION FOUNDATION

青少年太空探索科普丛书（第3辑）

# 宇宙明珠
# 星系团

余 恒 著

光与暗的每一个时辰都是一个奇迹。

—— [美] 惠特曼

星系团不仅是星光的中心，也是暗物质的中心。我们就
在这光与暗的交汇处探索宇宙的诞生、演化与未来的宿命。

知识产权出版社
全国百佳图书出版单位
——北京——

U0301769

**图书在版编目（CIP）数据**

宇宙明珠：星系团 / 余恒著 . — 北京：知识产权出版社，2023.12

（青少年太空探索科普丛书 . 第 3 辑）

ISBN 978-7-5130-9006-3

Ⅰ . ①宇… Ⅱ . ①余… Ⅲ . ①星系团—青少年读物 Ⅳ . ① P157.8-49

中国国家版本馆 CIP 数据核字（2023）第 238768 号

**内容简介**

本书是国内第一本关于星系团的科普图书，系统介绍了星系团各波段研究的历史、现状与未来展望，为读者呈现出宇宙中这类最大天体的完整图像。

本书可供广大天文爱好者、科普工作者、教育工作者和大中小学生阅读。

**项目总策划：** 徐家春

**责 任 编 辑：** 徐家春　彭喜英　　　　　**执 行 编 辑：** 赵蔚然

**版 式 设 计：** 索晓青　崔一凡　　　　　**责 任 印 制：** 孙婷婷

青少年太空探索科普丛书（第 3 辑）

**宇宙明珠——星系团　YUZHOU MINGZHU——XINGXITUAN**

余　恒　著

| | | | | |
|---|---|---|---|---|
| **出版发行：** 知识产权出版社 有限责任公司 | | **网　　址：** http://www.ipph.cn | |
| | | http://www.laichushu.com | |
| **电　　话：** 010-82004826 | | | |
| **社　　址：** 北京市海淀区气象路 50 号院 | | **邮　　编：** 100081 | |
| **责编电话：** 010-82000860 转 8573 | | **责编邮箱：** 823236309@qq.com | |
| **发行电话：** 010-82000860 转 8101 | | **发行传真：** 010-82000893 | |
| **印　　刷：** 北京中献拓方科技发展有限公司 | | **经　　销：** 新华书店、各大网上书店 | |
| **开　　本：** 787mm×1092mm　1/16 | | **印　　张：** 11.5 | |
| **版　　次：** 2023 年 12 月第 1 版 | | **印　　次：** 2023 年 12 月第 1 次印刷 | |
| **字　　数：** 172 千字 | | **定　　价：** 69.80 元 | |

ISBN 978-7-5130-9006-3

# 青少年太空探索科普丛书（第3辑）
# 编辑委员会

# 总　序

# 把科学精神写在祖国大地上

习近平总书记指出："科技创新、科学普及是实现创新发展的两翼，要把科学普及放在与科技创新同等重要的位置。没有全民科学素质普遍提高，就难以建立起宏大的高素质创新大军，难以实现科技成果快速转化。"党的十八大以来，党中央高度重视科技创新、科学普及和科学素质建设，全面谋划科技创新工作，有力推动科普工作长足发展，科普工作的基础性、全局性、战略性地位更加凸显，全民科学素质建设的保障功能更加彰显。

新时代新征程，科普工作要把培育科学精神贯穿培根铸魂、启智增慧全过程，使创新智慧充分释放、创新力量充分涌流，为推动我国加快建设科技强国、实现高水平科技自立自强提供强大的智力支持。

## 要讲好科学故事

党的十八大以来，党中央坚持把创新作为引领发展的第一动力，我国的科技事业实现历史性变革、取得历史性成就。中国空间站转入应用与发展阶段，"嫦娥"探月，"天问"探火，"羲和"逐日……这些工程在国内外产生了巨大影响。现在，我国经济总量上升到全球第二位，科学技术、文化艺术位居世界前列，正在向第二个百年奋斗目标奋勇前进。

在全面蓬勃发展的大好形势下，加强对青少年的科学知识普及，更好地激发他们热爱祖国、热爱科学、为国家科技腾飞而努力学习的远大理想，是当前的重要任务。科普工作者要紧紧围绕国家大局，用事实说话，用数据说话，讲清楚科技领域的中国方案、中国智慧，为服务经济社会发展、加快科技强国建设提供强大力量。要讲明白我国科技发展的过去、现在和未来。任何科技成就的取得都不是一蹴而就的，中华文明绵延数千年，积累了丰富的科技成果，这是我们宝贵的文化遗产。今天的我们要讲清楚中华文明的"根"与"源"，讲明白"古"与"今"技术进步的一脉相承，讲透彻中国人攀登科学高峰时不屈不挠、团结奉献的品格。

### 要弘扬科学精神

在中国共产党领导下，我国几代科技工作者通过接续奋斗铸就了"两弹一星"精神、西迁精神、载人航天精神、科学家精神、探月精神、新时代北斗精神等，这些精神共同塑造了中国特色创新生态，成为支撑基础研究发展的不竭动力，助力中华民族实现从站起来到富起来，再到强起来的伟大飞跃。

科学成就的取得需要科学精神的支撑。弘扬科学精神，就是要用科学精神

# 总　序 🛰

感召和鼓舞广大青少年，引导青少年牢固树立为国家科技进步而奋斗的学习观，自觉将个人成长融入祖国和社会的需要之中，在经风雨中壮筋骨，在见世面中长才干，逐渐成长为可以担当民族复兴重任的时代新人。

### 要培育科学梦想

好奇心是人的天性，是提升创造力的催化剂。只有呵护孩子的好奇心，激发孩子的求知欲望，为孩子播下热爱科学、探索未知的种子，才能引导他们勇于创新、茁壮成长，在未来将梦想变成现实。

科普工作要主动聚焦服务"双减"背景下的中小学素质教育，鼓励青少年主动学习科学知识、积极探究科学奥秘。要遵循青少年身心发展规律和对知识的接受规律，帮助青少年开拓视野，增长知识。更重要的是，要注重传授正确的学习方法，帮助孩子树立正确的科学思维，让孩子在快乐体验中学以致用，获得提高。

我们欣喜地看到，知识产权出版社在科普出版中做了有益尝试，取得了丰硕成果。在出版科普图书的同时，策划、组织、开展了一系列的公益科普讲座、科普赠书等活动，得到广大青少年、老师家长、业内专家、主流媒体的认可。知识产权出版社策划的青少年太空探索系列科普图书，从不同角度为青少年介绍太空知识，内容生动，深入浅出，受到了读者欢迎。

即将出版的"青少年太空探索科普丛书（第3辑）"，在策划、出版过程中呈现出诸多亮点。丛书紧密聚焦我国航天领域的尖端科技，极大提升了中华儿女的民族自豪感；在讲解知识的同时，丛书也非常注重对载人航天精神和科学家精神的弘扬，努力营造学科学、爱科学、用科学的社会氛围；丛书在深入挖掘中华优秀传统文化方面做了有益尝试，用新时代的语言和方式，讲清楚中国人的宇宙观，讲好中国人的飞天梦、航天梦、强国梦，推进中华优秀传统文化创造性转化、创新性发展；同时，丛书充分发挥普及科学知识、传播科学思想、倡导科学方法、弘扬科学精神的作用，努力提升青少年读者的科学素养和全社会的科学文化水平。

　　"航天梦是强国梦的重要组成部分。"当前，我国航天事业发展日新月异，正向着建设航天强国的伟大梦想迈进。"青少年太空探索科普丛书（第3辑）"体现了出版人在加强航天科普教育、普及航天知识、传播航天文化过程中的使命与担当，相信这套丛书必将以其知识性、专业性、趣味性、创新性得到广大读者的喜爱，必将对激发全民尤其是青少年读者崇尚科学、探索未知、敢于创新的热情产生深远影响。

欧阳自远

2023 年 10 月 31 日

# 出版说明

党的二十大报告指出："全面建设社会主义现代化国家，必须坚持中国特色社会主义文化发展道路，增强文化自信，围绕举旗帜、聚民心、育新人、兴文化、展形象建设社会主义文化强国。"出版工作的本质是文明传播和文化传承，在服务国家经济社会发展，助力文化自信，构建中华民族现代文明进程中肩负基础性作用，使命光荣，责任重大。

知识产权出版社始终坚持社会效益优先，立足精品化出版方向，经过四十多年发展，现已形成多学科、多领域共同发展的格局。在科普出版方面，锻造了一支有情怀、有创造力、有职业精神的年轻出版队伍，在选题策划开发、图书出版、服务社会科普能力建设等方面做出了突出成绩，取得了较好的社会效益。以"青少年太空探索科普丛书"为例，我们在"十二五""十三五""十四五"期间，分别策划了第1辑、第2辑和第3辑，每辑均为10个分册，共计30册，充分展现了不同阶段我国航天事业的辉煌成就，陪伴孩子们健康成长。

"青少年太空探索科普丛书（第3辑）"是我社自主策划选题的一次成功实践。在项目策划之初，我们就明确了定位和要求，要将这套丛书做成展现国家航天成就的"欢乐颂"、编织宇宙奇幻世界的"梦工厂"、陪伴读者快乐成长的"嘉年华"，策划编辑团队要在出版过程中赋予图书家国情怀、科学精神、艺术底色，展现中国特色、世界眼光、青年品格。

本书项目组既是特色策划型，又是编校专家型，同时也是编印宣综合型。在选题、内容、形式等方面体现创新，深入参与书稿创作，一体推动整个项目的质量管理、进度管理、创新管理、法务管理等。

项目体量大、要求高，各项工作细致繁复，在策划、申报、出版各环节，遇到诸多挑战。但所有的困难都成为锻炼我们能力的契机。我们时刻牢记国家出版基金赋予的光荣与梦想，心怀对读者的敬意，以"能力之下，竭尽所能"的忘我精神，以"天下难事，必作于易；天下大事，必作于细"的工匠精神，逐一落实，稳步推进，心中的那道光始终指引我们，排除万难，高歌前行。

感谢国家出版基金对本套丛书的资助，感谢中国科学技术馆、哈尔滨工业大学、北京师范大学、深圳市天文台、北京天文馆、郭守敬纪念馆、北京一片星空天文科普促进中心等单位对本套丛书的大力支持，感谢国家天文科学数据中心许允飞等对本套丛书提供的无私帮助，感谢张凤霞老师、王广兴等对本套丛书给予的帮助。

希望这套精心策划的丛书能够得到读者的喜爱，我们也将始终不忘初心，继续为担当社会责任、助力文化自信而埋头奋进。

知识产权出版社党委书记、董事长、总编辑　刘　超

2023 年 12 月 4 日

# 目 录 ✂

# 引 子

忉利天王帝释宫殿，张网覆上，悬网饰殿，彼网皆以宝珠作之，每目悬珠，光明赫赫，照触明朗。珠珠交悬，皎皎廓尔，珠玉无量，出数算表，网珠玲玲，各现珠影，一珠之中，现诸珠影，珠珠皆尔，互相影现，无所隐影，了了分明，相貌朗然……如是交映，重重影现，隐映互彰，重重无尽。

——宋·凝然《五教章通路记》卷27

在系统讲述佛教世界观的《华严经》中有这样一个场景：在天帝的宫殿中有一张华丽的巨网，叫作帝释之网，或叫因陀罗网。网上的每一个交点处都缀有一颗明珠。每一颗明珠都能照见其他的明珠，同时又能从别的明珠照见自己。它们就这样彼此映照，交相辉映。我们于是能通过每颗明珠看到整张巨网。

与此类似，宇宙就像这样一张巨网。所有已知的可见物质——恒星、星系、尘埃、气体都附着在这张网上。宇宙网上的明珠就是本书要介绍的对象——星系团。

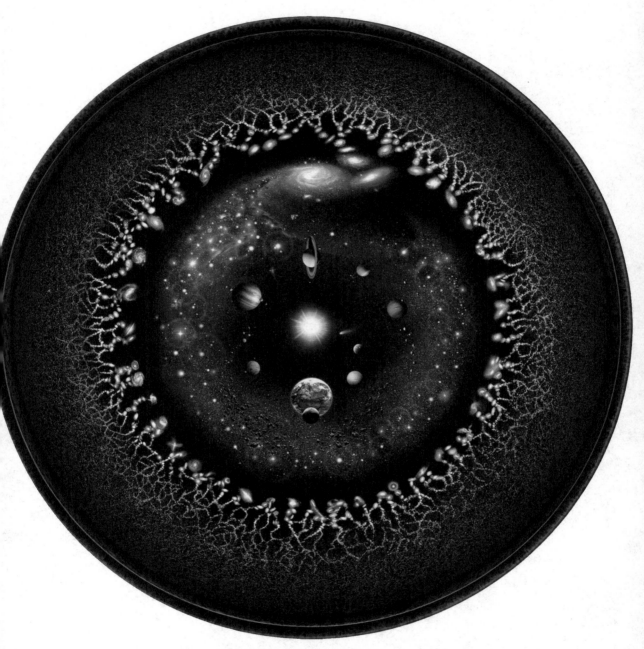

■ 按对数距离关系绘制的可观测的宇宙

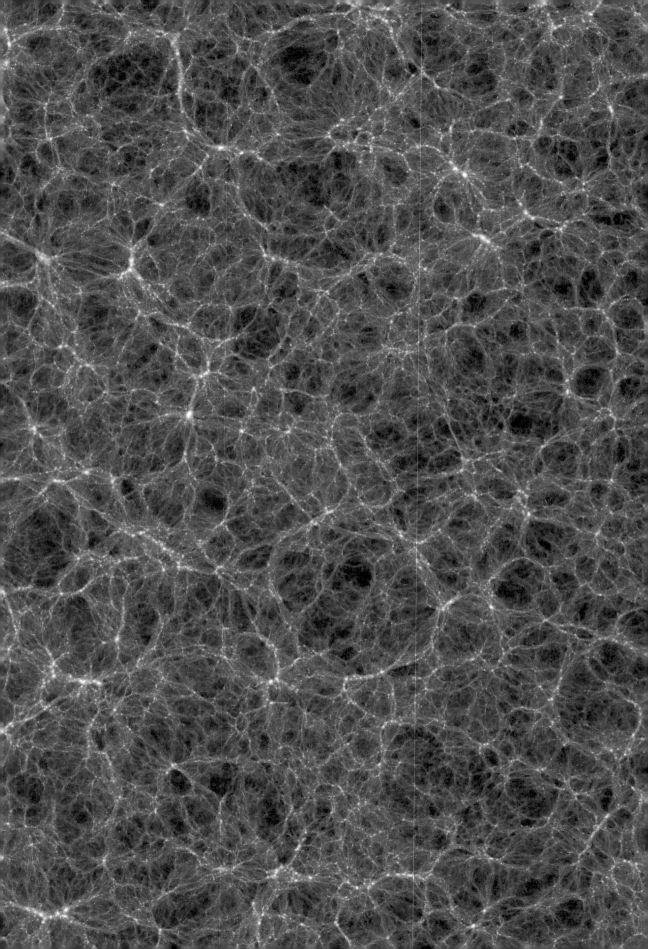

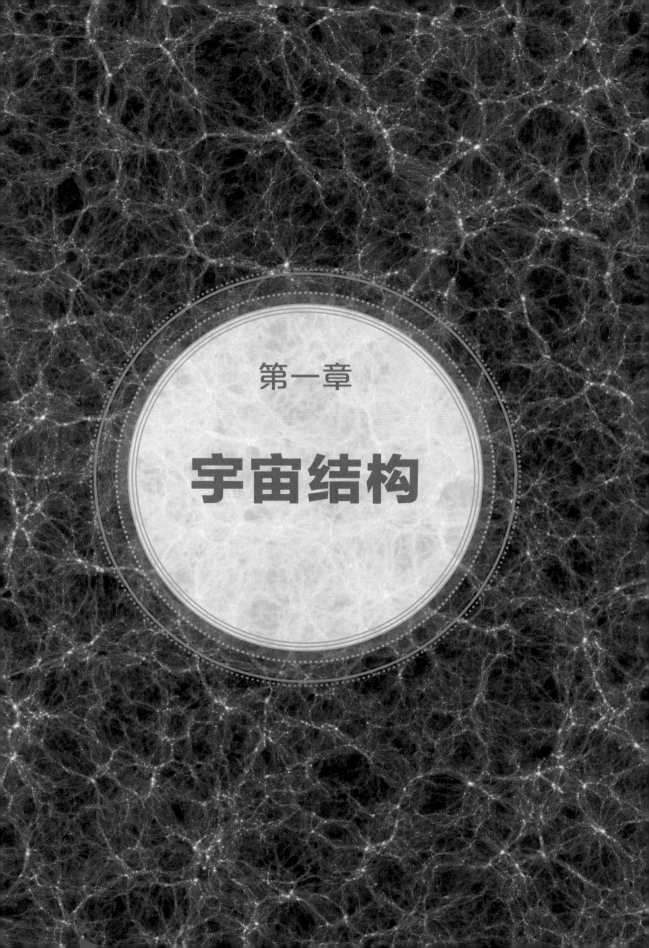

第一章

# 宇宙结构

在太阳系中，地球和其他七大行星一起被太阳的引力束缚，共同围绕太阳旋转。如果我们以地球到太阳的距离作为单位（天文学家称之为天文单位，简写为 AU），那么太阳系的边界远至 100 个天文单位之外。离我们最近的恒星——比邻星（半人马座 α 星）则远在 27 万个天文单位（约合 4.22 光年，即光速运行 4.22 年所通过的距离）之外。太阳和比邻星之间是寂静的虚空，偶尔会飘过冰冷的岩体或幽暗的尘埃。这样空旷清冷的星际空间是宇宙的常态。

如果在更大的尺度上观察，情况会显得有所不同。数千亿颗恒星在引力的作用下聚集在一起，围绕中心处的一个超大质量黑洞缓缓转动，形成一个中央厚、外侧薄的圆盘结构，这便是银河系。其中每一颗恒星都发出炽热耀眼的光芒。但银河系的能量在广袤的宇宙空间中就像森林深处的萤火虫一样微不足道，只能勉强呈现出一个圆盘的轮廓。而我们的太阳就位于这个盘面上靠近边缘的地方，距离中心处的超大质量黑洞大约 2.6 万光年。于是当我们朝盘面中心看去时，那些原本稀疏的亿万星点就重叠为横亘夜空的壮丽银河。

　　银河系这样的星系在宇宙中平凡无奇、数不胜数，就像海洋中的无名小岛。与岛屿不同的是，这些漂浮在宇宙中的星系会在引力的作用下相互吸引，缓慢靠近。它们运动的速度其实并不慢，可以达到每秒上千千米（相比之下，火箭只需要加速到 7.9 千米 / 秒就能把地球表面的卫星和航天员送入太空）。只不过星系之间的距离过于遥远，通常超过 100 万光年。它们需要上亿年的时光才能走到一起，开始漫长的绕转与并合。自宇宙从大爆炸中诞生之后已过去了 138 亿年，有许多星系已经完成了多轮并合过程，成长为庞然大物。它们汇聚之处已积累了大量的物质，可以凭借强大的引力将周围的星系吸引到一起，形成一个星系的集群，这些星系集群是宇宙中质量最大的独立天体系统，空间尺度可达 10 兆秒差距 ❶。众多星系围绕着引力中心盘旋，就像一群围绕蜂巢飞舞的发光蜜蜂，在空旷黑暗的宇宙中十分显眼。天文学家们根据其中包含的星系成员数目对它们进行分类。**包含几个或几十个星系的系统被称为"星系群"（galaxy group）。包含成百上千个星系的大质量系统被称为"星系团"（galaxy cluster）。**星系团中星系数目较少的被称为"贫星系团"（poor cluster），包含大量星系的则是"富星系团"(rich cluster)。如果有多个星系团碰巧距离不远，它们之间会产生微弱的引力连接，并在未来聚集成一个更大的天体系统。**这种包含多个星系团的集合叫作"超星系团"（super cluster）。**

　　星系团凭借自身强大的引力不断地吸引周围的物质向中央掉落。在星系团之间，原本大致均匀分布的物质会被拉伸成细丝状的纤维（filament），就像拔丝的糖稀，或者热比萨上的奶酪一样。由于大量物质向星系团集中，其他地方的物质就相应地变得稀薄。星系团之间因此会出现巨大的空洞，被称为"巨洞"（void）。星系团、纤维和巨洞这三类特征一起构成了宇宙的宏观结构。它的形态看起来就

---

❶ 秒差距是天文距离单位，英文 Parsec，缩写为 pc，1 秒差距约合 3.26 光年，1 兆秒差距等于 $10^6$ 秒差距。

像一块超大的海绵，这块"海绵"的每一条细丝和连接处都附着大量类似银河系的星系，这便是宇宙的大尺度结构（large scale structure）。在构成宇宙结构的三类特征中，星系团物质密度最高，最容易被观测到。然而，我们直到 20 世纪初才发现它们。

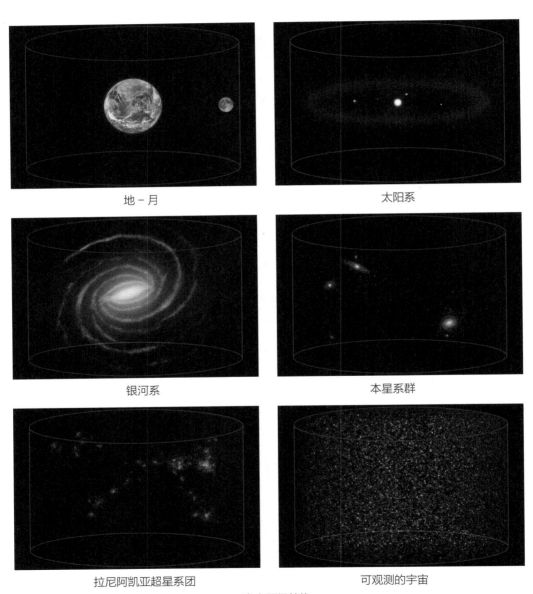

地－月

太阳系

银河系

本星系群

拉尼阿凯亚超星系团

可观测的宇宙

■ 宇宙层级结构

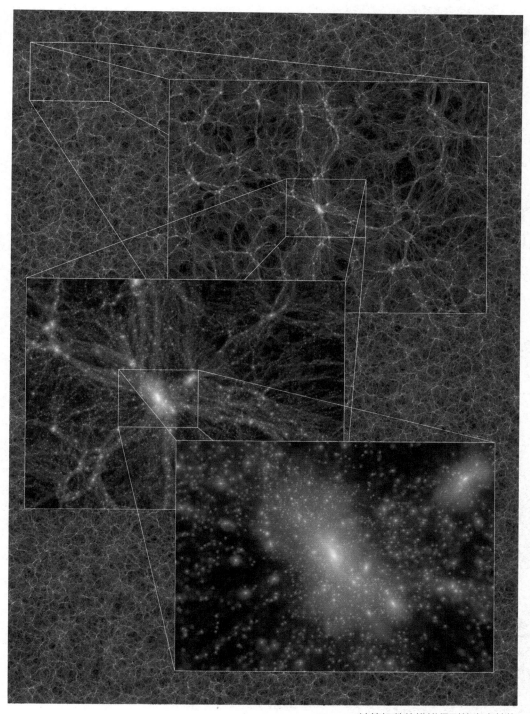

■ 计算机数值模拟得到的宇宙结构

洛弗尔射电望远镜

第二章

# 星系团
# 研究的历史

早在 18 世纪，天文学家在用望远镜搜寻彗星的过程中，注意到星空中有许多云雾状或者说絮状的天体。它们即使在当时最好的望远镜视场中也显得模糊不清。人们将这类天体统称为"星云"（nebula）。

第一个系统观测星云的天文学家是法国的梅西叶（Charles Messier，1730—1817）。他在 1777年整理了一份包含 109 个絮状天体的列表用于和彗星相区别，这是人类历史上第一份非恒星天体的星表。这份列表中既有银河系内的星云和星团，也有遥远的星系，只不过它们在梅西叶当时所用的小口径望远镜中很难分辨。这份列表中的成员后来都被称为梅西叶天体，名称以 M 开头，如仙女大星系在梅西叶星表中的编号为 31，便被称为 M31。今天我

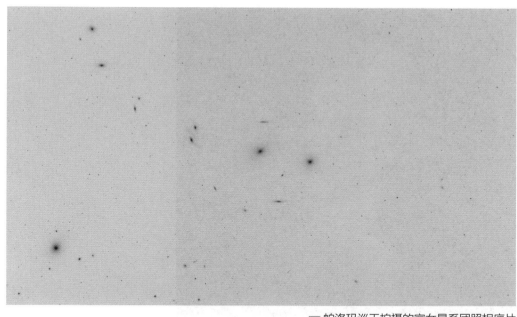

们知道梅西叶星表中有 40 个真正的星系，其中有 22 个集中分布在相邻的狮子座、后发座和室女座的方向上，有 16 个是室女星系团的成员。可以说，梅西叶是第一个记录下星系团的天文学家，尽管他自己对此浑然未觉。

不久后，天王星的发现者、著名的英国天文学家威廉·赫歇尔（William Herschel，1738—1822）用更大的望远镜对北半球的星空进行了系统搜寻，记录下数千个"星云"的位置。他也注意到这些"星云"并非均匀分散在夜空中，而是会在某些方向上聚集起来。

不过，无论是梅西叶还是威廉·赫歇尔的望远镜都无法区分星云和星系。在没有照相术的年代，观

■ 威廉·赫歇尔

测者只能用素描记录下天体大致的轮廓，其他研究者很难借助这种容易失真的二手资料开展更深入的研究。19 世纪，照相术的发明让天文界激动不已，天文学家们终于拥有理想的技术来记录自己的发现，并与同行和广大公众分享。不过由于"星云"的亮度太暗，直到 19 世纪末才出现能够记录它们的高灵敏度底片和照相技术。

德国照相天文学先驱沃尔夫（Max Wolf，1863—1932）利用海德堡天文台的照相设备对银河系最黯淡的后发座方向进行了系统拍摄，从中发现了许多絮状天体。他于 1902 年在学术杂志上整理发表了这些天体的位置，并报告说它们有聚集成群的迹象，他称之

■ 哈勃空间望远镜拍摄的后发星系团局部

为"星云巢穴"(德语 Nebelnest)。当时的天文学家们还不知道这些天体的距离,也就无从判断它们之间是有真实的物理联系,还是仅仅偶然地出现在同一个方向上。

当时有的天文学家认为银河系就是整个宇宙,这些"星云"都是银河系内的天体;有的天文学家则认为银河系很小,这些天体都是类似银河系的"宇宙岛",漂浮在无尽的宇宙虚空之中。这两个观点都不完全正确,而且两方都没有决定性的证据。1917 年,口径 100 英寸(2.54 米)的胡克望远镜在美国威尔逊山落成,并将世界最大望远镜的称号保持了 30 年。胡克望远镜出色的角分辨率让美国天文学家得以从遥远的星系中分解出单个的恒星进行研究。哈勃（Edwin Powell Hubble，1889—1953）于1923年在"仙女星云"中找到一类特殊的变星——造父变星。这类变星的亮度变化周期和它们的光度之间有很好的一致性，这便是"周光关系"。只要记录下它们的亮度变化，就可以通过周期知道它们真实的光度，从而得到实际距离。哈勃发现"仙女星云"中的造父变星远在90万光年之外。

　　虽然这个数值比我们今天得到的实际距离（约254万光年）小很多，但在

■ 胡克望远镜

当时已经超出了所有人最大胆的估计。即使是最保守的研究者也不得不承认，位于仙女座的那片模糊星云远在银河系之外，而且是和银河系一样巨大的星系。"仙女星云"从此被改称"仙女星系"。我们所认识的宇宙范围又扩大了许多，地球在宇宙中的地位也相应地下降了许多。

虽然银河系的大小之争就此告一段落，接下来的问题却更难回答，那就是宇宙有多大？像银河系这样的星系有多少？

■ 哈勃使用胡克望远镜观测

■ 仙女星系 M31

　　仙女星系是距离我们最近的大星系，对于它的观测可以说代表了当时技术水平的极限，想要在其他更遥远的星系中寻找造父变星无疑非常困难。为了探求宇宙的边界，天文学家们只能另辟蹊径。1929 年，哈勃在研究星系光谱时发现，离我们越远的星系远离我们的速度越快。这个现象无法用单个星系的运动来解释，只能说明宇宙空间在发生整体性的膨胀，就像一个正在充气的气球。这个关系便是"哈勃定律"。后来人们发现比利时科学家勒梅特（Georges Lemaître，1894—1966）早在哈勃之前就从理论上预言了宇宙膨胀现象，于是国际天文学联合会在 2018 年将这一定律的名称正式改为"哈勃－勒梅特定律"。虽然这个关系会受到星系自身运动的影响而不像造父变星的周光关系那样精确，但起码可以给出一个合理的估计。有了距离，天文学家们陆续确认许多出现在相近方向上的星系确实在三维空间中有聚集的趋势，而不是简单的巧合。星系团从此成为一类新的研究对象。

■ 茨威基

　　1933 年，美籍瑞士裔天文学家茨威基（Fritz Zwicky，1898—1974）根据哈勃的观测数据，对沃尔夫发现的后发星系团的质量进行了估计。他发现后发星系团中星系的运动速度很快，这些星系自身的物质总量远远不足以拉住它们。问题出在哪里呢？从星系光谱中得到的星系运动数据准确可靠，根据质量得到引力的物理理论也久经检验，最可能出现问题的地方是根据星系数量估计星系团质量这一步。如果星系的总质量不能代表星系团的总质量，一个简单的解释是星系团中还存在大量不在星系中的物质，它们没有发光从而没有被发现，但却贡献了星系团中的大部分引力。茨威基把它们称为"暗物质"（dark matter）。由于缺少可靠的证据和可行的验证手段，这个结论在当时并没有引起足够的重视。天文学家们需要寻找更多的星系团，只有通过足够大的样本才能分辨这是星系团中的普遍现象，还是个别星系团的特例。

# 1

## 光学波段

　　虽然威廉·赫歇尔的星云星团表提供了大量可供研究的星系，其中的星系团却非常有限。天文学家们很难从有限的样本中总结出普遍性的规律，他们需要寻找更多的星系团。

　　第二次世界大战结束后，当时世界上视场最大（4°）的望远镜——48英寸（1.22米）的施密特望远镜在美国帕洛玛山落成。它于1950—1957年完成了著名的帕洛玛巡天（Palomar Observatory Sky Survey，POSS），这是人类第一次成功用单一设备对大面积天区进行拍照。作为观测者之一的加州理工学院博士生艾贝尔（George Ogden Abell，1927—1983）决定利用这个数据展开星系团研究。

当时还没有自动处理数据的设备，所有的照相底片都需要人工进行逐一检查。

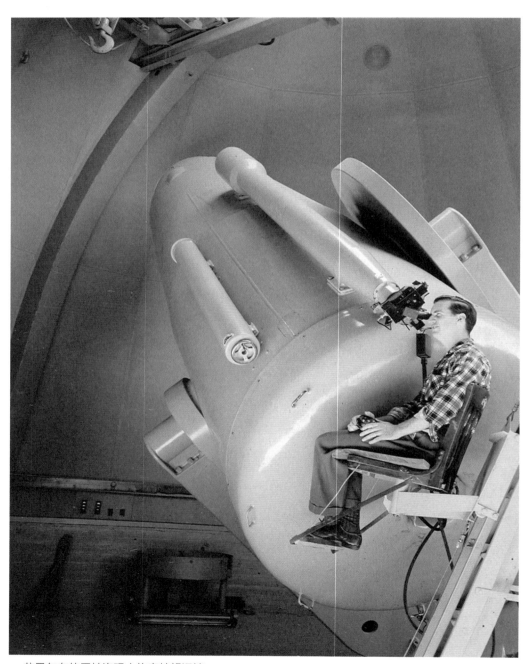

■ 艾贝尔在使用帕洛玛山施密特望远镜

为保证在相对客观一致的条件下筛选出星系团，艾贝尔制定了如下三个判据：

（1）系统内足够亮（星等比第三亮的星系暗不到两等）的星系超过 50 个，这一条保证挑选出的星系团包含足够多的成员，即富度（richness）高。

（2）根据星等估计出的星系团整体红移 $z$ 应为 0.02 ～ 0.20，这一条限定了星系团的距离范围。

（3）这些星系分布在一个不大的范围（半径 $R=1.7/z$）内，满足此条件则可认为该星系团较为致密。

■ 星系团 Abell 3322

此外，为了避免银盘上密集恒星的干扰，艾贝尔还排除了银道面附近的候选体。他最终选出了 2 712 个星系团，有 1 682 个星系团满足全部的判据，其余的 1 030 个虽然只符合部分条件，但也作为补充候选体列出。这份后来被称为《艾贝尔星表》（*Abell catalog*）的星系团表于 1958 年发表，将已知的星系团数目扩大了两个量级，为星系团的系统研究打开了全新的局面。

茨威基在巡天数据正式公布后，也于 1961—1968 年间陆续整理出一份《星系和星系团表》（*Catalogue of Galaxies and Clusters of Galaxies*，CGCG）。和艾贝尔的星系团表相比，茨威基的星系团表判据不那么严格，他没有考虑距离的因素，要求的成员星系亮度也不那么集中，因此收录了更多富度不高的星系团。这两个星系团表的出现极大地推动了星系团的研究，奠定了我们对星系团的基本认识。

■ 星系团 Abell 665

帕洛玛巡天在近半个世纪的时间里一直是北天最好最完整的巡天数据，而南半球直到 1973 年才开始兴建性能与帕洛玛山施密特望远镜相当的大视场设备，分别是英澳天文台的 1.22 米施密特望远镜，以及欧洲南方天文台设在智利的 1.02 米施密特望远镜。在南天的两架施密特望远镜落成之后，天文学家们为了处理迅速增加的巡天数据，开始尝试将星表编制工作自动化。英国爱丁堡天文台和当地的赫瑞瓦特大学计算机服务中心联合研制了 COSMOS 多功能底片测量仪，这个名称来源于它的主要功能：测量天体坐标、大小、星等、轴向以及形状（Coordinates，Sizes，Magnitudes，Orientations, and Shapes）。英国的拉姆斯登（Lumsden）等人根据 COSMOS 扫描整理的星系表在 1992 年发表了第一个机器辅助编制的星系团表。英国剑桥天文研究所也开发了类似的底片自动测量系统（Automatic Plate Measuring Machine，APM）处理玻璃巡天底版，星系团表就作为星系表的衍生产品被发表。虽然是基于机器测量的数据，他们寻找星系团的思路仍和艾贝尔的方法类似——计算固定星等间隔的星系数目。1989 年，南天的星系团也被加入艾贝尔星系团表中，使之成为首个覆盖全天的星系团表，共包含 4 073 个星系团。

20 世纪 90 年代，感光耦合组件（CCD）技术逐渐成熟，其性能指标开始赶上传统的胶片，而且数码照片比传统胶片更容易查看、复制、保存。天文学家们也积极尝试用数码后端进行天文观测。1991 年，美国通用汽车公司前总裁艾尔弗雷德·P. 斯隆（Alfred P. Sloan，1875—1966）创立的斯隆基金会开始资助美国天体物理研究联盟（ARC）开展红移巡天工作。在经过近十年的设计、研发和建造后，2.5 米口径的斯隆基金会望远镜终于在 2000 年开始在美国阿帕奇天文台进行为期 5 年的第一期数字化巡天（简称斯隆数字巡天，SDSS Ⅰ）。这架望远镜不仅有 3°的大视场，还能够兼顾成像和光谱观测。得益于出色的工程设计和项目管理，望远镜高效地完成了预期的巡天任务。不同以往的是，因为这个项目使用的是数字化后端而非传统的照相底片，数据存储和分析都容易了许多，望远镜的观测数据也能够在第一时间通过网站和数据库开放给全世界的用户使用。专业研究者能够方便地获得大量可靠的科研数据。斯隆数字巡天一跃成为继帕洛玛巡天之后最成功的巡天项目。

2014年，斯隆数字巡天项目在南半球智利的拉斯坎帕纳斯天文台放置了相似的设备，对南天展开观测。截至2021年年底，斯隆数字巡天的17次数据释放共覆盖了1.4万平方度（超过全天的三分之一）天空，记录下超过9亿颗天体、500多万条光谱（其中星系光谱近300万条）。海量的高质量数据对包括星系团在内的所有天文学领域都产生了推动作用，而且它彻底变革了天文数据的共享模式，甚至改变了许多天文学家的工作方式。天文学研究正式跨入大数据时代。星系团的光学探测也从对图像的检查变成了对星表的检索。如今，斯隆数字巡天项目已经进行到第5期，仍在孜孜不倦地记录着我们头顶闪耀的星空。

■斯隆基金会望远镜

斯隆数字巡天项目的成功直接推动了众多大视场多色巡天项目的开展。2016 年，研究者们组成了一个国际团队，提出了暗能量光谱仪巡天项目（Dark Energy Spectroscopic Instrument，DESI），希望能够以更大口径的望远镜配上多通道光谱仪，批量观测大量星系红移，得到宇宙结构的三维分布，来研究宇宙加速膨胀和暗能量的奥秘。他们计划使用 4 米口径的望远镜配合 5 000 根光纤，在 5 年内拍摄 3 500 万个星系的光谱。

为了完成这个目标，首先需要挑选合适的星系作为观测目标，而世界上并没有一个足够暗的全天星系表可供选择。于是他们首先联合三架望远镜 在 2014—2019 年以同一标准合作完成"DESI 遗珍成像测光巡天"。三架望远镜分别是位于智利托洛洛山美洲天文台的 4 米布兰科（Blanco）望远镜、位于美国基特峰的 2.3 米博克（Bok）望远镜和 4 米梅奥尔（Mayall）望远镜。它们提供了北半球河外

■ 4 米梅奥尔望远镜

■ 4 米梅奥尔望远镜内景

天区 14 000 平方度的光学波段测光数据，深度达到 23 等，比斯隆数字巡天深约 2 个星等。研究者从中检测出 1.7 亿个有形态特征的星系，这不仅解决了 DESI 的选源问题，也为研究星系、星系团和宇宙大尺度结构提供了全新的视野。

2021 年 5 月，安装于基特峰梅奥尔望远镜上的 DESI 光谱仪开始正式的光谱巡天，预计在 5 年内完成目标，届时，我们对宇宙的了解又会迈上一个新的台阶。

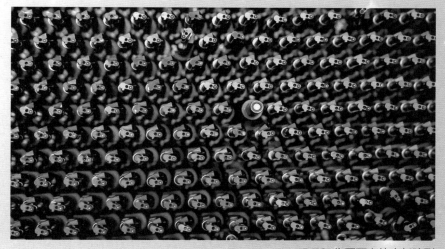

■■■ DESI 焦平面上的光纤阵列

# 2

## X射线波段

**X射线是一类能量很高的电磁辐射。** 在宇宙中，只有温度很高的气体才有足够的能量发出这种射线。由于地球大气会强烈地吸收X射线，我们在地面上不用担心会被来自宇宙的高能射线所辐射，但也因此无法在地面探测宇宙中的高能辐射源。

在第二次世界大战结束之后，美国海军研究实验室的科学家利用从德国缴获的V2火箭，在地球大气上层成功探测到太阳发出的X射线，这是人类第一次探测到地球之外的X射线。苏联在1957年成功发射了世界上第一颗人造卫星，这意味着天文学家有机会将探测器放在地球大气之外进行观测。不过，按照太阳的辐射强度估计，其他遥远恒星的X射线辐射非常暗弱，难以探测，所以大部分天文学家并没有过多关注这个新兴的领域。

■ V2 火箭

■ 贾科尼

    1962 年，美籍意大利裔天体物理学家贾科尼（Riccardo Giacconi，1931—2018）领导的研究小组利用美国军方的火箭发现了第一个太阳之外的 X 射线源——天蝎座 X-1。这个发现让人们意识到宇宙中还存在比太阳猛烈许多的高能天体辐射源，它们的辐射机制和能量来源都是有待探索的全新问题。1966 年，拜拉姆（Byram）等人利用火箭在室女星系团的中心星系 M87 附近探测到 X 射线辐射，第一次发现了银河系外的 X 射线源。

    为了系统研究天空中的 X 射线源，贾科尼带领团队于 1970 年在肯尼亚发射了第一颗 X 射线天文卫星"乌呼鲁"（Uhuru，肯尼亚当地语言中"自由"的意思，因为卫星发射当天正好是肯尼亚的独立日）。它在两年多的时间里完成了第一次 X 射线巡天，发现了包括双星、超新星遗迹、活动星系核和星系团在内的 339 个 X 射线源，星系团探测从此有了新的手段和依据。在早期的 X 射线观测中人们逐渐认识到：星系团的 X 射线辐射主要来自星系际高温气体。

这些气体在落入星系团的过程中，引力势能转变为动能，从而具有很高的温度，可达数百万摄氏度。这类高温气体弥漫于星系团的整个核心区域，虽然它们的密度很低，但由于体积巨大，其总质量比发光的恒星和星系还要多出几倍。

X 射线望远镜和传统的光学望远镜不一样。由于 X 射线能量较高，具有很强的穿透能力，传统的光学镜片对于 X 射线来说是透明的。因此早期的 X 射线探测器都没有光路，而是直接使用正比计数器、闪烁计数器或者微通道板等高能粒子计数装置作为接收端，根据卫星的指向大致估计辐射源的方位。这样得到的位置信息很不准确，天文学家们甚至难以辨认这些高能辐射来自哪个天体。不过，X 射线在一种特殊的情况下会改变方向。当它们以近乎平行的入射角掠射到金属表面时会发生全反射。X 射线的掠射角与金属密度相关，通常使用镍（Ni）、铂（Pt）、铱（Ir）、金（Au）等较致密的金属材料作为镜面反射涂层。1952 年，德国物理学家沃尔特（Hans Wolter，1911—1978）提出了三种 X 射线望远镜设计方案。其中的 I 型是利用抛物面的焦点与双曲面的后焦点重合来缩短焦距并扩大接收面积，因为它结构简单，又容易嵌套成紧凑的结构，而被现代 X 射线望远镜广泛采用。

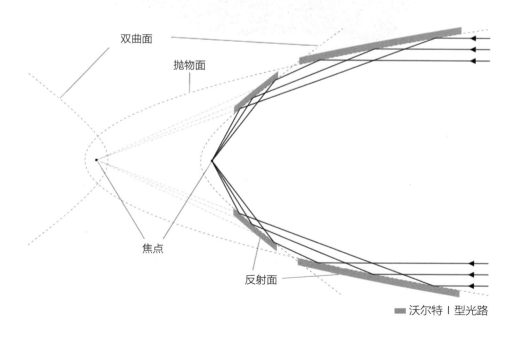

双曲面

抛物面

焦点

反射面

■ 沃尔特 I 型光路

1978 年，贾科尼领导的团队发射了美国国家航空航天局系列卫星"高能天文台"（High Energy Astrophysical Observatories，HEAO）中的第二颗。为纪念爱因斯坦 100 周年诞辰，这颗卫星被命名为"爱因斯坦天文台"（The Einstein Observatory），这是第一架带有镜面的 X 射线空间成像望远镜。

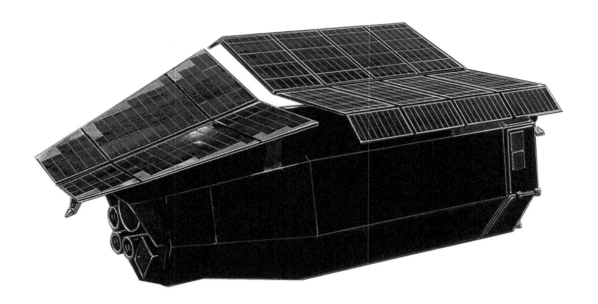

■■ "爱因斯坦天文台"概念图

它采用的便是沃尔特 I 型的设计，视场、灵敏度和角分辨率都有很大的提升。1983 年，科学家利用它的观测数据完成了一个覆盖高银纬（即远离银河盘面）天区 50 平方度的中灵敏度巡天（The Einstein Observatory Medium-Sensitivity Survey，MSS），但只发现了 112 个射线源，统计意义有限。1990 年，意大利天文学家焦亚（Isabella M. Gioia）等人改进了检测和分析方法，对观测数据进行重新处理，这个项目被称作中灵敏度扩展巡天（Einstein Medium Sensitivity Survey，EMSS）。他们在 778 平方度高银纬天区中观测到了 835 个 X 射线源，其中有 102 个被证认为星系团。从这些早期的 X 射线图像中已经能够看到邻近星系团的明亮核心，星系团的内部气体结构也开始成为一个重要的研究课题。也正是从这个项目开始，贾科尼团队开放了一部分望远镜观测时间供项目外的同行申请，还将已观测的数据以标准化存档的形式公开，供同行重复利用，这些政策有效地推动了高能天体物理学科的发展。贾科尼也因为他所引领的这些开创性工作荣获 2002 年诺贝尔物理学奖。

20 世纪 80 年代，美国的天文科研资金集中到"哈勃空间望远镜""康普顿伽马射线天文台"和"钱德拉 X 射线天文台"三个耗资巨大的大型轨道天文台计划上。为了搜寻更多的 X 射线天体，美国科学家转而寻求与欧洲、日本进行合作。1990 年，德国、美国和英国联合发射了"伦琴"卫星（Roentgen Satellite，ROSAT）。这是德国的第一颗 X 射线卫星，他们以此纪念 X 射线的

■ "伦琴"卫星概念图

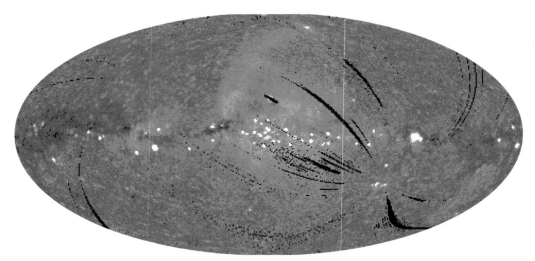

发现者——德国物理学家威廉·康拉德·伦琴（Wilhelm Conrad Röntgen，1845—1923）。这颗卫星搭载的 X 射线望远镜口径为 0.8 米，并不比 0.6 米口径的爱因斯坦天文台大很多，但它配备的位置敏感型正比计数器（Position Sensitive Proportional Counter，PSPC，工作波段为 0.1 ~ 2.4keV）专为巡天设计，有着 2° 的宽大视场。它完成了迄今最完整的 X 射线巡天，天区覆盖率达到 92%。随后发表的一系列星表中包含了上千个 X 射线星系团，直到现在仍然是重要的研究目标。它携带的另外一个仪器，高分辨率成像仪（High Resolution Imager，HRI）则有高达 2 角秒的空间分辨率，对许多星系团的结构和形态都进行了细致的研究。"伦琴"卫星的设计使用寿命为 5 年，因为运行状况良好，直到 1999 年 12 月才退役，此后轨道逐年下降，最终于 2011 年 10 月坠入大气层。

德国用于接替"伦琴"卫星的新一代 X 射线巡天卫星——ABRIXAS 宽带成像 X 射线卫星于 1999 年 4 月在俄罗斯卡普斯京亚尔靶场发射升空。它装有 7 架 27 层嵌套的沃尔特 I 型望远镜，准备为牛顿望远镜和钱德拉 X 射线天文台筛选合适的观测源。但是这架望远镜在入轨第 3 天就由于电池组意外损坏而无法工作，未取得任何科学数据。

在"伦琴"卫星完成巡天任务后，美国和欧洲在 1999 年先后发射了新的 X 射线望远镜，对这些新发现的高能目标进行定点观测，其中欧洲的是牛顿望远镜（X-ray Multi-Mirror Mission-Newton，XMM-Newton），美国的是钱德拉 X 射线天文台（Chandra X-ray Observatory，Chandra）。

牛顿望远镜有较高的光谱分辨率，而且在硬 X 射线端（2~10keV）表现较好，但角分辨率在 10 角秒左右；钱德拉 X 射线天文台则有着最高质量的空间分辨率（0.492 角秒），但口径比前者小，探测灵敏度要低一些。

■ 牛顿望远镜渲染图

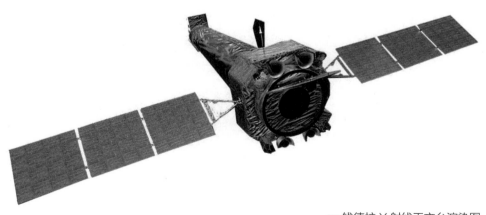

■ 钱德拉 X 射线天文台渲染图

日本X射线天文学的起步也很早。东京大学教授小田稔（Minoru Oda，1923—2001）在美国麻省理工学院访问期间参与了美国早期的X射线火箭探测项目。他发明的准直调制解调技术可以利用非成像设备定位X射线源，直接促成了第一个太阳系外X射线源——天蝎座X-1的光学证认。他回到日本后进入宇宙科学研究所（Institute of Space and Astronautical Science，ISAS）开始发展日本的X射线卫星项目。在美国的协助下，1979年日本的首颗X射线卫星"天鹅"号（Hakucho，发射前称为CORSA-B）在鹿儿岛升空。1983年这颗卫星尚未退役，第二颗X射线卫星"飞马"号（Tenma，发射前称为ASTRO-B）就已经升空。1987年日本又发射了"星系"号（Ginga，也就是ASTRO-C）卫星。这几颗卫星的成功发射使日本的空间X射线探测技术迅速发展。1993年发射的"飞鸟"（ASTRO-D）号是第一颗采用CCD做接收端的X射线卫星，具有很高的能量分辨率，能够很好地分辨X射线光谱中各类元素的谱线。它发现星系团中的重元素比例与Ⅱ型超新星一致，从而确定了星系团热气体中的元素来源。但在2000年2月，日本的第五颗X射线卫星ASTRO-E发射失败。而同年7月的一次太阳耀斑爆发又干扰了"飞鸟"号卫星的轨道，使其太阳能电池板无法对准太阳，只得在电量耗尽后于2001年坠入大气层。日本从1979年开始的空间X射线连续观测第一次被迫中断。

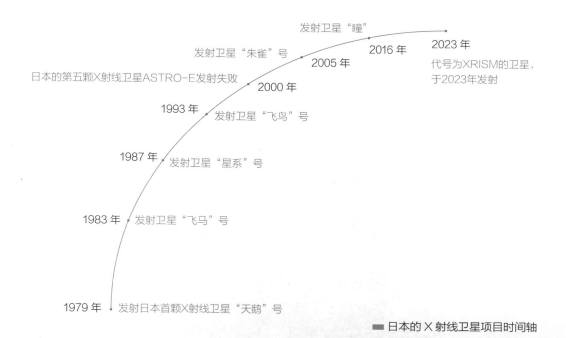

发射卫星"瞳"

2016 年    2023 年

发射卫星"朱雀"号    2005 年    代号为XRISM的卫星，
于2023年发射

日本的第五颗X射线卫星ASTRO-E发射失败    2000 年

1993 年    发射卫星"飞鸟"号

1987 年    发射卫星"星系"号

1983 年    发射卫星"飞马"号

1979 年    发射日本首颗X射线卫星"天鹅"号

■ 日本的 X 射线卫星项目时间轴

　　直到 2005 年"朱雀"号（Suzaku，代号为 ASTRO-E II）卫星顺利升空，日本才得以继续 X 射线空间观测。在开展了大量星系团研究之后，2015 年，"朱雀"号卫星寿终正寝。日本宇宙航空研究开发机构（JAXA）又在 2016 年 2 月 17 日发射了新的 X 射线卫星"瞳"（Hitomi，代号 ASTRO-H）。这颗卫星装载着具有目前最高能量分辨力的 X 射线量能器，被学界寄予厚望，遗憾的是，它仅工作了一个月就因为姿态控制软件的缺陷而在轨道上解体。为了接替它的工作，日本又重制了这台望远镜，代号为 XRISM，已在 2023 年 9 月 7 日于日本种子岛航天中心发射升空。

■ 发射前的卫星"瞳"

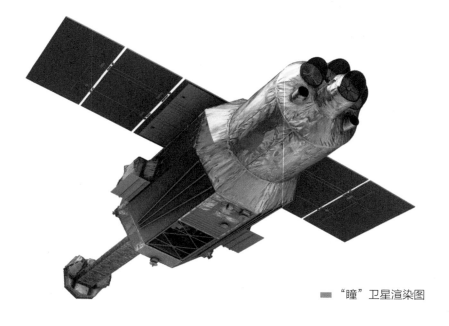

■ "瞳"卫星渲染图

# 3

# 微波波段

宇 宙 微 波 背 景（Cosmic Microwave Background，CMB）辐射是宇宙大爆炸的余晖。来自大爆炸的光子温度从 138 亿年前的 2 900 开尔文逐渐降低到今天的 2.7 开尔文，如今它们的辐射非常微弱，只能在微波波段（对应频率为吉赫兹，波长从厘米到亚毫米）才能被探测到。幸运的是，大气对这个波段是部分透明的，我们在地面上就能够接收到这些来自宇宙"婴儿"时期的信号。

1964 年，美国贝尔实验室的工程师彭齐亚斯（Arno Allan Penzias，1933—）和威尔逊（Robert Woodrow Wilson，1936—）在调试卫星天线的过

■ 发现宇宙微波背景辐射的角状天线

程中意外探测到宇宙微波背景辐射，这是支持宇宙大爆炸理论的一
个重要证据，他们因此获得了 1978 年的诺贝尔物理学奖。

　　这些来自宇宙早期的光子携带很多有关宇宙起源的信息，因
此很快成为天文学家重要的研究目标。为了完整地探测宇宙微波
背景辐射，1989 年 11 月，美国国家航空航天局发射了宇宙背景
探测器（Cosmic Background Explorer，COBE），对全天的
宇宙微波背景辐射能谱进行了精确探测。COBE 发现宇宙微波
背景辐射是相当理想的黑体辐射，这与大爆炸的理论预言非常吻
合。COBE 项目的发起人斯穆特（George Fitzgerald Smoot III,
1945—）和马瑟（John Cromwell Mather，1945—）也因此荣
获 2006 年的诺贝尔物理学奖。

■ 苏尼阿耶夫

宇宙微波背景辐射在传播过程中，会受到路径上其他天体的影响而发生微小的变化，其中比较重要的一个因素就是星系团。星系团中的高温气体除了能够放出明亮的 X 射线之外，还会同无处不在的宇宙微波背景辐射光子发生相互作用。具体来说，就是**弥漫在整个宇宙空间中的宇宙微波背景辐射光子会被星系团热气体中的高速电子撞击，从而获得能量，于是从星系团方向传来的宇宙微波背景辐射的能谱会出现轻微的扭曲，而且这个信号的强度只和它们所遭遇的星系团内热气体的温度有关，而和星系团到我们的距离无关**。这是苏联科学家苏尼阿耶夫（Rashid Sunyaev，1943—）和泽尔多维奇（Yakov Borisovich Zeldovich，1914—1987）在 1970 年做出的理论预言，被称为**SZ 效应**。这个效应为星系团的探测提供了新的途径。相比之下，光学、X 射线等其他探测方法对过于遥远的星系团都无能为力。

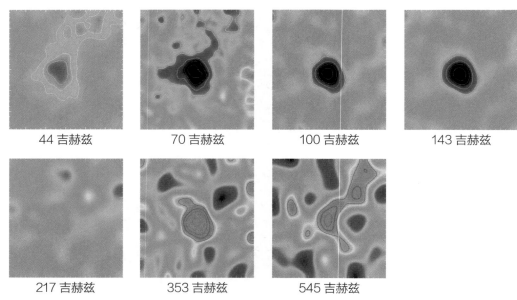

| 44 吉赫兹 | 70 吉赫兹 | 100 吉赫兹 | 143 吉赫兹 |
| 217 吉赫兹 | 353 吉赫兹 | 545 吉赫兹 | |

■ 星系团 A2319 的 SZ 效应图像

在低于 217 吉赫兹的波段中呈现为冷斑（蓝色），

在高于 217 吉赫兹的波段中表现为热斑（红色）。

　　不过理论预言是一回事，实际测量又是另一回事。SZ 效应的强度并不大。宇宙微波背景辐射光子的平均温度是 2.7 开尔文，而大质量星系团所产生的 SZ 效应也不过 1 毫开尔文左右。要用这个方法探测星系团，需要高精度的探测技术和设备。直到 1984 年，英国剑桥大学的研究者才第一次在宇宙微波背景辐射中探测到 SZ 效应。他们又花了近 10 年时间改进设备，终于在 1993 年第一次利用 SZ 效应绘制出星系团 A2218 的轮廓。而利用 SZ 效应独立发现星系团直到 2009 年才由一架位于南极的南极点望远镜（South Pole Telescope，SPT）实现。

　　即使排除了 SZ 效应造成的温度变化，宇宙微波背景辐射在不同方向上仍存在微小的涨落，这被称为"各向异性"。根据大爆炸理论，早期宇宙相当均匀，拥有近乎一致的温度和密度，但其中仍隐含着微小的起伏，这些看似不起眼的局部差异正是日后宇宙结构演化的种子。今日宇宙中的星系团和纤维等大尺度结构就是自早期宇宙的细微涨落演化而来。为了测量这个属性，美国国家航空航天局在 2001 年 6 月发射了第二代宇宙微波背景辐射探测卫星——威尔金森微波各向

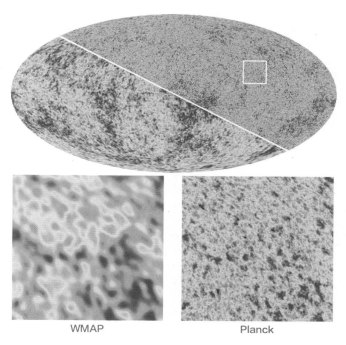

WMAP

Planck

WMAP 和 Planck 观测到的宇宙微波背景对比

异性探测器（WMAP）。这颗卫星的角分辨率在 90 吉赫兹处达到
0.2°，温度灵敏度达到 0.02 毫开尔文，可对宇宙大尺度上的各向
异性进行精确的测量。不过它的精度对于星系团的研究来说是不够
的。一个低红移 X 射线星系团在天空中的张角通常只有几个角分。
为了在更小尺度上对宇宙微波背景辐射进行测量，2009 年 5 月，
欧洲航天局发射了普朗克卫星（Planck），它的频段覆盖更广，角
分辨率更高，而且温度灵敏度达到 0.002 毫开尔文，比威尔金森
微波各向异性探测器提高了一个量级。经过 4 年的完美运转之后，
普朗克卫星实现了对宇宙微波背景辐射的最高精度测量，也得到了
一个副产品：第一个基于 SZ 效应得到的全天星系团表。这个星系
团表在 2016 年的最终版本中一共列出了 1 653 个星系团，其中有
1 203 个是此前已知的，其余的 400 多个星系团都是此前没有被其
他方法发现的目标，也是目前星系团研究的重要对象。

普朗克卫星早在 2013 年就完成了既定任务，停止了运行。今天我们对星系团 SZ 效应的观测主要通过两个地基望远镜来实现：一架是位于南极洲的 10 米口径南极点望远镜（SPT）；另一架是位于智利的 6 米口径阿塔卡马宇宙学望远镜（Atacama Cosmology Telescope，ACT）。虽然它们由于受到地球大气的影响只能在特定的频段上进行观测，但有更大口径的镜面和可持续升级的观测设备，它们正以更高的观测精度继续对星系团的 SZ 效应开展研究。

■ 沙漠中的阿塔卡马宇宙学望远镜

■ 南极点望远镜

# 4

# 射电波段

■ 卡尔·央斯基

　　1931 年，贝尔实验室的年轻工程师卡尔·央斯基（Karl Jansky，1905—1950）在研究短波（20.5兆赫兹）射电干扰的过程中意外发现了来自银河系中心的射电辐射。这是人们第一次意识到地球之外有射电源（那几年太阳活动正好处于极小期，白天增厚的电离层完全挡住了来自太阳的射电辐射）。央斯基希望能够建造更大的望远镜进行更多的观测，但是当时美国正处于经济大萧条中，没有机构愿意承担这样耗资巨大的项目。

　　芝加哥一位年轻的射电工程师雷伯（Grote Reber，1911—2002）对央斯基的发现很感兴趣。他利用自学的射电望远镜知识在母亲家的后院建造了一架直径 9.6 米的抛物面天线，对天空进行了持续的观测。1938 年他终于在 160 兆赫兹（波长 1.9 米）上证实了央斯基的发现。他利用自己的巡天数据绘制了全天的射电强度图，发现最强的射电辐射来自银心方向。他同时也察觉到天鹅座和仙后座方向有潜在的射电源。在这段时间里，他是世界上唯一一个进行射电天文观测的人。没人知道遥远的天体是如何发出这些辐射的，也没人知道宇宙中有多少天体有这样的辐射。一个从未被探索过的太空就此呈现在世人面前。

■ 雷伯和他的射电望远镜

然而，第二次世界大战的爆发改变了所有人的注意力。为了防范德国的空袭，英国人发明了雷达——其实就是广角大功率的短波发射天线和接收机，最初的原型实验是利用 BBC 的广播站完成的。在战争的推动下，无线电技术取得了突飞猛进的发展。

洛弗尔（Sir Bernard Lovell，1913—2012）原本是英国曼彻斯特大学的一名物理学讲师，主要研究宇宙线。第二次世界大战爆发之后，他进入英国皇家空军负责领导开发绝密的 H2S 型机载雷达。此前雷达一直被用于监测空中的目标。这是第一套用来探测地面目标的雷达系统，轰炸机可以借助它在夜间和恶劣天气下顺利执行轰炸任务并安全返航。先进的雷达技术帮助盟军一步步建立了优势，最终取得战争的胜利。洛弗尔也因为他的杰出工作被授予"大英帝国勋章"。

1945 年，洛弗尔回到了曼彻斯特大学，用军方捐赠的接收机继续宇宙线研究。为了躲避曼彻斯特市内有轨电车造成的电磁干扰，他把设备搬到城外 30 千米的郊区，建立了焦德雷班克天文台（Jodrell Bank Observatory），研究来自太空的射电信号。在那里，他提出一个宏伟的计划，要建造一个口径达 250 英尺（约合 76 米）、可以灵活指向各个方向的大型抛物面天线 Mark I（现称洛弗尔射电望远镜）。在政府和大学的资助下，望远镜终于在 1957 年 8 月落成，成为当时全世界最大的射电望远镜。

不过，就在新望远镜落成后不久——10 月 4 日，苏联发射了人类历史上第一颗人造卫星——斯普特尼克 1 号。而洛弗尔射电望远镜成为西方世界唯一一台能够追踪这颗卫星的设备。

■ 洛弗尔射电望远镜

所有人都开始佩服洛弗尔的远见卓识，1961 年他被英国伊丽莎白女王封为爵士。这架划时代的望远镜成为太空时代不可或缺的信号中转站，同时也为人类打开了一扇观测宇宙的新窗口，它在早期太空探索和射电天文学研究方面发挥了巨大作用。

1959 年，焦德雷班克天文台的拉奇（M. I. Large）等人利用这架世界上最大的射电望远镜在后发星系团中首次探测到射电辐射。后续的研究没有在这个方向上发现任何对应的光学天体，人们才开始认识到星系团中可能存在整体性的射电辐射。根据这些射电辐射的性质可以判断出这些光子是由接近光速运动的高速电子在磁场中回旋运动时发出的。因为这种辐射最早是在同步加速器上发现的，所以被称为同步辐射。虽然物理机制并不复杂，但是它的产生条件却不是随处可见的。这些高速电子来自何处？尺度巨大的磁场又是怎样产生的呢？天文学家们没有办法前去探险，只能收集更多的例子来总结规律，不过，单碟望远镜并不是这个任务最合适的选择。

**射电望远镜的空间分辨本领是由它的口径和工作波长联合决定的。** 以最常用的 1.4 吉赫兹频段为例，工作在这个频段的射电望远镜，口径需要达到 50 千米，才能具有 1 角秒的分辨能力。而对于光学望远镜来说，一架 13 厘米的小望远镜理论上就有这个分辨能力了。为了解决单碟射电望远镜口径有限的问题，英国剑桥大学的物理学家赖尔（Martin Ryle，1918—1984）提出了综合孔径的概念，这个方法是将多个天线按一定的形式排列成天线阵，等效为一个大口径的望远镜，来增大望远镜接收面积并提高空间分辨率。1958 年，赖尔在玛拉德射电天文台（Mullard Radio Astronomy Observatory）建造了世界上第一个综合孔径望远镜，并进行了成功的试观测。这项革命性的技术让他获得了 1974 年的诺贝尔物理学奖。

与英国隔海相望的荷兰在第二次世界大战期间也积累了丰富的射电观测经验。他们敏锐地看到了综合孔径技术的巨大潜力，为了保持在射电天文领域的领先地位，荷兰在著名天文学家奥尔特（Jan Hendrik Oort，1900—1992）的领导下于 20 世纪 60 年代建造了 14 面口径 25 米的天线，它们在 2.7 千米的直线上一字排开，组成韦斯特博克综合孔径射电望远镜（Westerbork

Synthesis Radio Telescope，WSRT）。这个望远镜阵不仅在总接收面积上超过了焦德雷班克天文台的 Mark I，在空间分辨率上更是有几十倍的提升，它在 1970 年落成后一举成为当时世界上最强大的射电望远镜阵列。

1975 年，荷兰的贾菲（Jaffe）和意大利的佩罗拉（Perola）一起提出了一个用 WSRT 阵观测临近富星系团的计划。他们观测了 5 个星系团，但没有在后发星系团之外的其他星系团中探测到延展的射电辐射。后来也有其他研究者做过类似的搜寻尝试，也收获寥寥。到 20 世纪 90 年代，人们只找到了十来个具有射电晕的星系团。这导致星系团射电辐射方向的研究进展非常缓慢。既然逐个星系团的搜索成功率不高，那就只有借助巡天数据。

■ WSRT 阵列

美国天文学家受 WSRT 项目的启发，于 1981 年在新墨西哥州建造了 27 台 25 米口径的全动望远镜，每台望远镜重达 230 吨，可以沿着 Y 形的轨道移动，它们联合组成了一个射电望远镜阵，这就是著名的甚大阵（Very Large Array，VLA）。它相当于一架口径 36 千米的射电望远镜，在 1.4 吉赫兹上的角分辨率最高可达 1.3 角秒，直到今天它仍是这个频段全世界有效面积最大的射电望远镜阵列。VLA 在 20 世纪 90 年代启动了一项重要的射电巡天项目，称为美国射电天文台甚大阵巡天（NRAO VLA Sky Survey，NVSS）。NVSS 在 1993—1996 年 在 1.4 吉赫兹频段以 45 角秒的分辨率观测了赤纬 −40° 以北的全部天空，是迄今完备度最高的单一望远镜阵列射电巡天。

■ VLA 射电望远镜阵列（一）

■VLA 射电望远镜阵列（二）

　　这次巡天获得的 2 326 张图片中包含了数百万个射电源。1999 年，意大利天文学家 G. 焦万尼（G. Giovannini）等人根据"伦琴"卫星给出的 X 射线星系团列表系统检查了 NVSS 图像，一下找到了 29 个可能的星系团射电辐射源，其中只有 11 个是已知源，这将射电辐射星系团样本增加了一倍多。

　　与此同时，印度也加入射电天文研究的行列中。他们在 1995 年完成了由 30 架 45 米口径的射电望远镜组成的大型米波射电望远镜（Giant Metrewave Radio Telescope，GMRT），其中 14 面天线在 1 平方千米范围内组成核心阵，其余 16 面天线以 Y 字形分布，组成最长距离达 25 千米 ❶ 的干涉阵列。GMRT 主要在 610 兆赫兹频段开展观测。由于它单个天线的口径比 VLA 大很多，总的接收面积达到 4.7 万平方米，几乎是 VLA 的 3 倍，这使它拥有更高的灵敏度。不过因为最长基线小于 VLA，且工作的频段较低，导致它的分辨率稍低，约为 5 角秒。幸好对于星系团的研究来说，角分辨率并不是特别重要。GMRT 的低频段和高灵敏度对于探测星系团中潜在的暗弱射电源很有帮助。

■ GMRT 阵列中的一面天线

---

❶ 射电天文学家将射电天线之间的距离称为基线（baseline）。基线越长，空间分辨率越好。

■ LOFAR

经过半个多世纪的努力，射电天文学家们还是找到了近百个有射电辐射的星系团。在去除直接来自活动星系核（Active Galactic Nucleus，AGN）和射电星系的辐射后，**他们将其中的大尺度延展射电辐射按形态大致分为三类：射电晕（radio halo）、射电激波（radio shock）、复苏源（phoenices）。**其中射电晕通常位于星系团中心，分布非常弥散，它们可能源自星系团中心气体的湍流运动。射电激波通常分布在星系团两侧，呈弓

形结构，与并合活动产生的激波有关，它们因为外形类似超新星遗迹，有时也被称为射电遗迹（radio relics）。复苏源是活动星系核喷出的等离子体在冷却后重新被星系团内的活动加热而形成的不规则辐射区，一般在尺度上小于射电晕和射电激波。这些形态各异的射电辐射提供了研究星系团内环境的重要线索。

　　有更多更强大的射电望远镜将星系团内的射电辐射作为研究目标。一个是荷兰的低频阵（Low-Frequency Array，LOFAR），是荷兰射电天文研究所主持建造的大型低频射电望远镜网络。它以荷兰为中心，在荷兰本土和欧洲其他国家设置了 50 多个站点，组成了一个覆盖大半欧洲的巨型阵列。虽然项目主体于 2012 年建设完成，但站点数目还在通过国际合作陆续增加。目前荷兰境内的站点基线超过 100 千米，这使 LOFAR 的角分辨率达到 5 角秒。如果加上国际站点，基线可以超过 1 000 千米，对应的角分辨率将提升至 0.5 角秒。这对低频射电望远镜来说非常不容易。在 LOFAR 所覆盖的 10 ~ 240 兆赫兹的低频射电频段，目前世界上还没有第二个设备可以接近它的水平。因为低频射电辐射对应的辐射温度更低，LOFAR 可以观测到比其他射电望远镜更延展、更暗弱的辐射区结构。而且，LOFAR 采用全向天线作为观测单元，可以对整个天空进行观测。处理软件可以根据信号之间的相位延迟来提取特定观测方位的天空信息，这种被称为相控阵的技术特别适合用来做搜寻任务，所以在军事上也有重要用途。

　　LOFAR 从 2017 年开始在 150 兆赫兹附近频段上对整个北天进行名为"LOFAR 2 米巡天"（LOFAR Two-metre Sky Survey，LoTSS）的系统观测。由于来自不同天线的海量数据都需要在超级计算机中进行关联和分析，数据的处理进度比较缓慢。项目组在 2022 年公开释放了第二批数据，基于 3 451 小时的观测数据得到了覆盖北天超过四分之一天空（5 634 平方度）的图像，发现了近 440 万个射电源，其中大部分是首次为人所知，这些数据也覆盖了许多星系团，对它们的研究和分析仍在进行之中。

　　另一个是最近加入竞争的位于南非的狐獴射电望远镜阵列（MeerKAT）。在 2000 年前后，国际天文学界决定联合建造集光面积达 1 平方千米的超大型射电望远镜阵列，称为平方千米阵列（Square Kilometre Array，SKA）。南非作为 SKA 的参与国和台址之一，需要对项目的关键技术进行验证，积累经验并储备相关

■ MeerKAT

科技人才。于是他们启动了 MeerKAT 作为 SKA 的先导项目。经过十多年的筹备和建设，MeerKAT 于 2018 年落成启用。它由 64 面直径 13.5 米的中频（580 ～ 14 500 兆赫兹）碟形天线组成，其中 48 面天线位于直径 1 千米的核心区内，保证对延展结构的观测能力，其余 16 面天线以 8 千米为间隔分布在外围以提升空间分辨率，最长基线达到 20 千米。虽然和前面提到的设备相比，它的有效面积和基线都不是特别突出，但因为大多数射电望远镜都在北半球，它作为一个能观测到南半球最远星空的大型射电望远镜，具有不可或缺的地位。而且随着 SKA 项目的推进，MeerKAT 将作为 SKA 中频阵列的一部分直接并入，成长为世界顶级的射电望远镜阵列。

活动星系核假想图

# 第三章

# 星系团的性质

经过几代卫星对宇宙微波背景辐射的观测，现有的宇宙学模型已经能够较为精确地描述宇宙的初始条件和演化过程。目前标准模型认为全宇宙的质能总量中有 68.3% 的成分是神秘的暗能量。所谓暗能量只是科学家们用来解释宇宙加速膨胀的一个概念，只有在公式中加上这个类似能量的参数才能算出和观测数据相符的结果，但没人知道它是什么。此外，还有 26.8% 是我们尚不了解的暗物质，这种物质除了引力之外没有显现出任何其他特征，科学家们还在努力寻找它的存在形式。至于我们已知的所有普通物质——恒星、星云、尘埃、气体，乃至黑洞——总共只占宇宙质能总量的 4.9%。它们的基本成分——中子和质子在粒子物理学中统称为重子，因此它们也被称为重子物质。所有已知的天体都是由重子构成的。

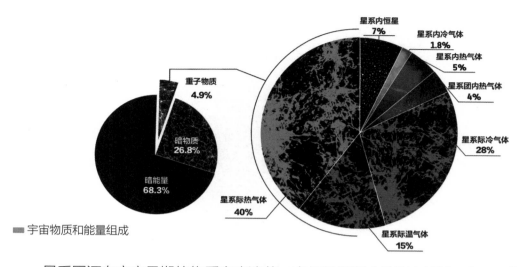

星系内恒星
7%

星系内冷气体
1.8%

星系内热气体
5%

星系团内热气体
4%

星系际冷气体
28%

重子物质
4.9%

暗物质
26.8%

暗能量
68.3%

星系际热气体
40%

星系际温气体
15%

■ 宇宙物质和能量组成

星系团源自宇宙早期的物质密度涨落。它们凭借强大的引力汇聚了近 10 兆秒差距（Mpc）内的物质。这些物质一旦被星系团的强大引力所吸引，就无法逃离。因此天文学家们认为星系团内所包含的暗物质和重子物质的比例可以近似代表整个宇宙中的平均值。按照这个比例，我们可以推算出星系团内的正常物质（也就是重子物质）总量。根据现有的数据，星系团中有超过 80% 的质量来自暗物质，发出 X 射线的热气体贡献了 14% 的质量，我们在光学波段看到的所有恒星和星系的质量占比不到 2%，还有约 4% 的重子物质不见踪影，它们因此被称为"失踪的重子"。知道了这些，就不难理解当年茨威基根据星系去估计后发星系团的质量为什么会差那么多了。

总的来说，星系团是由星系构成的大质量系统，由自身的引力束缚在一起，其中通常包括几十到上千个星系，总质量在 $10^{13}$ ～ $10^{15}$ 个太阳质量之间，这些星系分布在几兆秒差距范围内。如果它们的运动方向在三维空间中是完全随机的，从我们的角度看过去，视向速度分布应该满足高斯分布，其弥散（即视向速度的标准差）一般为 500 ～ 1 500 千米 / 秒。如果星系团的质量足够大，演化时间足够长，它的引力势阱会将团内热气体加热到很高的温度，达到 1 ～ 15 keV（约合 1 000 万 ～ 1.7 亿摄氏度），这些气体会发出明亮的 X 射线。我们对星系团的研究主要就是通过光学星系和 X 射线气体展开。

# 1

## 形态特征

### 光学形态

从光学波段看，星系团是由众多成员星系构成的多体系统。其分布主要由引力决定，因此空间形态分类也比较简单，基本是从致密到疏松、规则到不规则的连续变化。

艾贝尔的富度（richness）概念就是对星系投影密度的一个简单量化。他把**成员数目在 100 以上的星系团称为富星系团，在 10 以下的称为贫星系团**。当然，这个成员数是他在帕洛玛巡天的数据中得到的，如果我们用今天的设备去研究这些星系团，无论贫、富星系团，成员数都有近 10 倍的提升。茨威基则仿照星团的分类，把有明确聚集中心的星系团称作致密星系团，把完全看不出核心区域的称作疏散星系团。这和银河系中星团的分类有些类似。也许正是由于这个原因，天文学家们为了避免和星团相混淆，很少采用这种分类。

1970 年，美国天文学家鲍茨（Laura P. Bautz，
1940—2014）和威廉·威尔逊·摩根（William
Wilson Morgan，1906—1994）根据星系团中央是
否存在一个明亮巨大的主导星系——中央主导星系，
将星系团分为Ⅰ、Ⅱ、Ⅲ三个类型。

　　其中有明显的中央主导星系的星系团被归为Ⅰ类，
如星系团 A2261；没有明显中央主导星系的星系团

■ 星系团 A2261

■ 星系团 A2744

被归为 III 类，如 A2744；介于两者之间，中央有
椭圆星系，但不占主导地位的便是 II 类，如 A2218。
这个分类法因为简单明了得到广泛应用。

■ 星系团 A2218

　　美国天文学家鲁德（Herbert J. Rood，1937—2005）和印度天文学家萨斯特瑞（Gummuluru N. Sastry，1937—2008）合作在 1971 年仿照星系的哈勃分类法，给出一个类似的星系团分类系统。他们定义了星系团的六种基本类型：cD 表示存在中央主导星系；B 表示中央有一对亮星系；L 表示有多个亮星系排成直线；C 表示众多亮星系在核心处聚集；F 表示亮星系呈现均匀分布；I 表示不规则分布。他们认为这些形态代表不同的演化阶段。不过后来的研究表明星系团的演化非常多样，并不遵从这个简化的模式。

　　除了从星系分布形态上进行区分之外，还有天文学家试图根据成员星系的性质来为星系团进行分类。鲍茨和摩根等人在 20 世纪

70 年代发现不同类型的星系团中椭圆星系和旋涡星系的比例有明显差别。在存在中央主导星系的星系团中，大部分成员星系为年老的椭圆星系或透镜星系，旋涡星系很少；而不规则的星系团则由旋涡星系主导。这一现象使天文学家们将星系团的演化历史与成员星系的演化过程联系在了一起。

由于在光学波段，星系团前方较暗的星系和星系团背后较亮的星系都会呈现出和团内星系相近的亮度，从而被误认为是团成员。这种投影效应会给基于成员空间分布的形态研究带来很大的不确定性。所以在星系团的 X 射线辐射被发现之后，对于星系团的形态讨论就更多基于热气体的空间分布来进行了。

## X 射线形态

X 射线望远镜观测到的是分布于星系之间弥散的高温星系团内物质（Intracluster Matter，ICM）。因为**星系团几乎是银河系外唯一的 X 射线延展源，因此可以放心地认为观测到的热气体全都属于星系团，它们的形态能够直接反映星系团的稳定程度**。研究者们通常认为形态规则、对称性较好的星系团是发育较好、状态稳定的星系团，而形态不规则的星系团显然仍处于并合过程中。

在 20 世纪 70 年代的 X 射线观测中，人们已经认识到星系团中的 X 射线辐射主要来自高温气体。这些气体的温度高达数千万开尔文。不过它们在空间中的密度很低，平均每立方米中只有数百到 1 万个粒子。要知道地球实验室所能实现的超高真空环境可以达到大气压的万亿分之一，每立方米也有 1 亿个粒子。

这些高温气体中的高速粒子会因为碰撞骤然减速而产生 X 射线——这被称为"韧致辐射"。由于 X 射线辐射的能量很高，这些热气体会在辐射过程中逐渐失去能量而降温冷却，并向星系团的中心收缩。因此高能天文学家相信他们能在星系团中心看到因辐射冷却而持续沉降的冷气体，称为"冷流"（cooling flow）。后来的观测不出所料，许多星系团的核心处都呈现出异常明亮的 X 射线辐射，那里的气体密度非常高，而且它们的温度比外部要低。

随着更多的星系团被发现存在冷流成分，冷流星系团占整个 X 射线星系团样本的比例越来越高。所有的证据都表明，冷流是一个普遍存在的结构。这和之前冷流模型的预测出现了偏差。一方面，我们观测到的 X 射线热气体自身的能量无法维持长达数十亿年的辐射，它们应该会在冷却后消失，这样的话，我们应该只在一小部分星系团中发现冷流；另一方面，天文学家们没在光学波段找到那么多冷却下来的气体和分子云。

2001 年，意大利天文学家莫伦迪（Silvano Molendi）和皮佐拉托（Fabio Pizzolato）借助牛顿望远镜的高质量数据证明先前的"冷流"模型与实际情况不符，低温致密的 X 射线核心似乎是一个长期存在的特征。他们在论文中建议将该特征改称为"冷核"（cool core），这个建议得到后续研究的支持，从而得到了广泛的认同。"冷核"便取代"冷流"成为描述星系团核心低温结构的新名词。X 射线星系团也从此被分为冷核星系团和非冷核星系团。

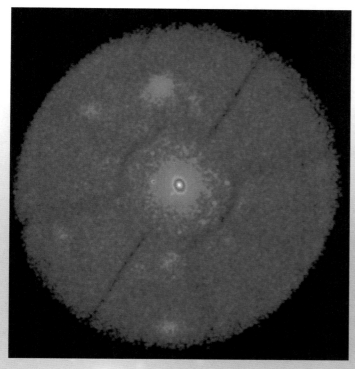

■ "伦琴"卫星拍摄的冷核
星系团 A2029 图像

目前，有将近一半的 X 射线星系团被确认有冷核。但是，冷核的长期存在势必需要额外的加热机制，寻找热源成为一个重要的问题。一方面，这个热源的能量注入不能太弱，否则无法维持巨大冷核明亮的辐射；另一方面，加热方式不能太猛烈，否则会破坏冷核的形态和结构。科学家们提出过很多理论模型来解释冷核的存在，包括宇宙线加热、热传导加热、超新星加热等。目前，星系团中心的活动星系核已经成为公认最可能的能量来源，但其具体加热方式又有许多种不同的模型，很多细节还有待下一代 X 射线望远镜进行检验。

利用 SZ 效应看到的也只是星系团中的热气体成分，不过受限于探测设备的分辨能力，目前很难得到清晰的形态细节。

## 射电形态

并合星系团 Abell 3411-3412 是一个能揭示射电激波中电子来源的完美事例。这是一个距离我们 25 亿光年的遥远星系团，它的两个成员 A3411 和 A3412 正在发生剧烈的并合。2017 年，荷兰天文学家韦伦（R. van Weeren）在钱德拉 X 射线天文台拍摄的 X 射线图像中发现它们的高温热气体沿着星系团运动的方向延伸开来，呈现出非常不规则的形态。GMRT 的射电图像显示在南侧的 X 射线气体边缘处，一个射电星系正拖着巨大的射电喷流在星系际空间穿行。这些从黑洞周围逃出的高速电子在离开星系后逐渐冷却变暗，在空间中扩散开来。可就在它们即将耗尽能量消失不见的时候，并合过程产生的激波刚好扫过这片区域，压缩并加热了这些缺失能量的电子，将它们重新点亮。被激波点亮的电子刚好和原有的喷流方向垂直，于是这个射电星系呈现出一个奇特的 L 形

图中黄色为光学图像，蓝色为 X 射线气体，红色为射电辐射，画框部分为 L 形尾巴。

尾巴。这个罕见的例子能够告诉我们有关星系团内射电辐射的许多细节。我们可以确信，在星系团内发出射电辐射的高速电子至少有一部分是由射电星系播散在星系际空间中的。当然，这只是星系团漫长并合过程中的一个瞬间。如果有更多处于不同并合阶段、不同场景和视角的事例，也许我们就可以拼凑出更完整的图像。

■ M84 的多波段图像
蓝色为 X 射线热气体，红色为射电喷流，黄色为可见光。

　　大部分河外天体的射电辐射主要来源于相对论性电子在磁场中的同步辐射，因此在星系团中发现的射电辐射都与强烈的相互作用有关。形态规则的星系团在射电波段通常没有整体性的辐射，只能看到其中的活动星系核和射电星系在围绕着看不见的中心绕转。如果星系团中的活动星系核发生剧烈的喷发活动，会产生明亮巨大的射电喷流，还会改变包裹它们的高温热气体的形态，造

成巨大的 X 射线空洞。例如在 Hydra A、英仙星系团、A1795 中都观测到了中央活动星系核形成的射电喷流。这些相对论性喷流在向外运动的过程中推开了高温气体，从而在 X 射线波段造成巨大的空洞（cavity）。这些喷流扩散之后逐渐黯淡消散，成为星系团环境中的化石电子（专门指代已冷却下来，无法再发出可见射电辐射的高速电子）。需要指出的是，并不是所有的喷流都会造成显著的 X 射线空洞，但它们都会在星系团内以宇宙线的形式持续游荡，等待再次被加热的机会。

■ 星系团A3667

在星系团发生并合时,激波有时会重新加热这些化石电子,在星系团边缘形成与激波面相关的弥散射电辐射,这便是射电激波,在香肠星系团、A1240、A3667 等星系团中都有观测到。

射电晕通常位于星系团中心,它的起源可能与星系团并合产生的湍流有关,但许多细节仍不清楚,在后发星系团、A2163、A2744 等星系团中都有观测到。在 PKS0745、RXJ1347 等星系

■ 星系团 A2744

团中也观测到了尺度较小的迷你射电晕（radio mini-halo），它们可能源自规模较小的质量扰动。

　　除此之外，还有一些特殊形态的延展射电源，形态很不规则，与上面几种截然不同。它们可能是活动星系核喷出的等离子体在冷却后重新被星系团内活动加热而形成的不规则辐射区，所以被称为"复苏源"。在 A85、A133、A2034 中都有观测到。

# 2

# 光
# 学
# 探
# 测

　　虽然许多星系团可以在 X 射线波段被探测到，但那毕竟需要卫星，代价高昂，而且由于探测器的灵敏度有限，我们在 X 射线波段只能看到距离较近、质量较大的星系团。相比之下，在光学波段开展星系团观测要容易得多，也灵活得多。目前已知的大部分星系团都是首先在光学波段被发现的。

## 投影密度

　　在光学望远镜拍摄的图像上，星系团主要表现为聚集有大量星系的高密度物质区。早期的星系团搜寻工作都是基于这一点进行的。最早的机器算法脱胎于艾贝尔经典判据的"单元计数"（counts in cells）。20 世纪 90 年代的研究者为星系团的成员数密度设定了一个阈值来提高自动识别的成功率。他们要求星系团成员在单位天区内的数密度应高于背景星系数密度一个确定的倍数，从而保证选出的星系团足够致密。这个方法虽然直接，但只对确定红移处特定富度的星系团有效，而且很容易受到投影在一起的前景和背景星系的影响。

单元计数方法的一个改进是对整个视场进行平滑处理（通常为高斯平滑），将离散的星系分布转换为连续的数密度强度，然后利用成熟的点源探测方法（如小波分析）来提取结构信息。但是简单的平滑函数需要指定一个平滑尺度，这会造成不同红移处的星系有不同的物理扩散半径。找团程序只能选出特定红移范围的星系团，这个问题可以用自适应核（the adaptive kernel）算法来处理，通过在星系密度较高的区域降低平滑的尺度来保留高红移处的结构。这个方法简单、高效，特别适用于缺乏足够测光信息的浅度巡天项目，比如利用第二期帕洛玛巡天数据（POSS Ⅱ）进行的北天星系团光学巡天。如果有多波段测光数据，就可以应用额外的颜色信息获得更可靠的结果。

■ 星系团 A520 的多波段图像
其中黄色为光学星系密度分布，绿色为 X 射线气体。

## 光谱红移

在根据图像判断一个星系团是否存在的过程中，总是会不可避免地受到投影效应的影响。最可靠的办法是拍摄视场中所有星系的光谱，利用特征谱线测量光谱红移。如果具有相近红移的星系数目很多，则有理由认为它们聚集在同一处，有真实的物理联系。不过拍摄光谱的难度比拍摄图像大很多。要把原本集中在空间一点的能量分散到各个频率上，势必导致信号亮度的大幅下降。只有天体足够明亮或者曝光的时间足够长，才能得到高质量的光谱数据。所以在很长一段时间内，只有少数距离较近且足够明亮的星系能获得足够好的光谱数据用于分析。

自 20 世纪 80 年代起，随着技术的进步，大规模拍摄光谱的条件逐渐成熟。天文学家启动了一系列星系红移巡天项目，以此来探测宇宙大尺度结构。随着星系红移数据的积累，研究者开发了一些独立的方法从中搜寻星系团。

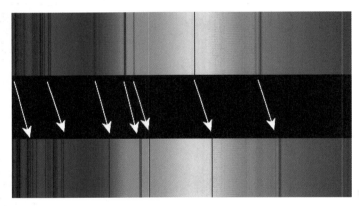

■ 星系谱线红移

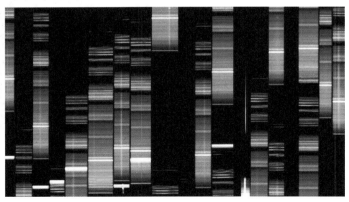

■ 条形码一样的天体光谱

层次聚类（也称等级式成团，英文为 hierarchical clustering）是机器学习领域无监督学习（unsupervised learning）算法中的一种。这个算法能够按照事先定义的距离来量化数据之间的相似性，并以树状图（dendrogram）的形式来呈现，揭示数据中的层次关系。它于 20 世纪 60 年代发展成熟。1978 年，德国天文学家马特纳（J. Materne）首次将层次聚类算法应用于天文学研究，他设计了一个包含星系空间位置和视向速度的无量纲距离，来探索狮子座天区附近的星系群。这是首个被介绍到天文界的支持多维度数据的聚类算法，引起早期星系红移巡天研究者们的关注。

1980 年，美国天文学家塔利（R. Brent Tully，1943—）也测试了这个算法，他构造了一个与引力有关的量（光度除以空间距离的平方）作为距离来分析星系群 NGC 1023 所在视场。1987 年，他又设计了一个类似密度的度量在《近邻星系表》（the Nearby Galaxies Catalog）中识别星系群。1992 年，法国的埃里克·古尔古隆（Éric Gourgoulhon）也采用层次聚类算法编制了银河系周围 80 兆秒差距以内的全天星系团表。

1982 年，美国天文学家胡克拉（John Huchra，1948—2010）和盖勒（Margaret J. Geller，1947—）为分析星系红移巡天数据设计了一个以固定阈值处理单点连接结果的方法，即"二度好友"（Friend-of-Friend，FoF）算法。这个算法以一个事先设定的阈值判断星系之间是否相邻，如果有两个星系都与第三个星系相邻，那么它们也是相邻的，这样同属于一个星系团的星系就都被连接在一个集合内。"二度好友"算法其实对应着层次聚类树状图中的一个固定层级，因此简化了计算流程和运算量。

层次聚类算法和"二度友好"算法在很长一段时间内是寻找星系团的主流方法。1992 年，法国的加西亚（A. M. Garcia）等人还系统地比较了两个方法得到的星系团的差异，不过由于缺乏一个客观准确的评价标准，很难说哪个方法的结果更加可靠。1993 年，加西亚干脆综合运用以上两个方法构建了一个星系团表。后来，"二度好友"算法因其快捷便利逐渐成为天文界分析宇宙结构的通用工具，得到广泛应用。

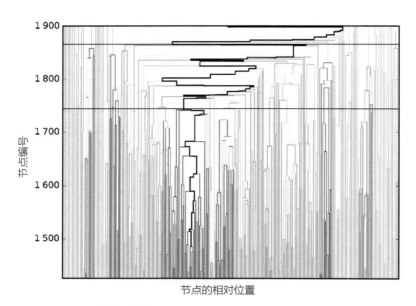

縦軸ラベル: 节点编号

横軸ラベル: 节点的相对位置

■ 星系团 A85 的等级树状图
黑色折线为其主干，不同颜色代表不同的分支结构。

　　不过，仍有研究者一直坚持探索层次聚类在天体结构识别方面的潜力。1996 年，法国天文学家塞尔纳（Serna）和热巴尔（Gerbal）发现以星系间束缚能作为度量时，星系团内子结构可以在树状图上直观地显示出来。和此前的工作相比，这是一个重要的突破。束缚能作为一个有明确含义的物理量，将数据中的空间位置和速度有机地结合在一起，不仅解决了"距离"定义的量纲问题，得到的树状图也因此具有明确的可解释性。塞尔纳等人还发现，采用单点连接方式得到的树状图能够给出最合理的星系团探测结果。直到 2014 年，还有研究者在使用塞尔纳和热巴尔的方法探测星系团中的子结构。

　　1999 年，意大利天文学家迪亚费里奥（Diaferio）进一步提出可以通过树状图中的弥散速度平台来识别其中包含的星系团。具体做法是：从树状图的根节点出发，每一步都沿着包含成员数更多的分支前进，便可以得到树状图的主干。在视场中存在一个主导星系团的情况下，这个主干上各个节点下属成员的速度弥散会构成一个明显的平台。根据这个平台就能够定位星系团在树状图中的位置。这为树状图中的结构提取给出了一个定量的操作标准。塞尔纳等人在 2013 年利用大尺度宇宙学模拟的数据对这个方法进行了系统检验，确认了它在探测星系团成员方面的可靠性。

在目前的星系光谱巡天中，主要的寻找星系团算法仍是"二度好友"。层次聚类由于计算成本过高，多用于具体星系团的分析研究。

## 红序列

虽然光谱数据是最准确的星系团验证和成员判定标准，但它毕竟获取的成本比图像更高，在数量和深度上都无法和测光数据相比，因此仍然有大量星系团的搜寻和研究工作是基于图像展开的。不过天文学家们不再局限于空间和亮度信息，而是加入了对颜色的考虑。

天文学中所说的颜色并不是日常生活经验中的颜色，而是"颜色指数"（color index）。它是同一个天体通过不同滤光片得到的星等的差值，可以间接反映天体的颜色。在光学巡天中，只要用多个滤光片交替拍摄，就可以获得额外的颜色信息，这是相对来说比较容易获得的物理特征。由于宇宙空间一直在膨胀，所有天体发出的光子都会在传播过程中发生红移。远处的天体会比近处的同类型天体显得更红一些。早在 1977 年美籍印度裔天文学家维斯瓦纳坦（Natarajan Visvanathan，1932—2001）和美国天文学家桑德奇（Allan Sandage，1926—2010）就注意到星系团中椭圆星系（E 型）和透镜星系（S0 型）的颜色有很好的一致性。它们在颜色图上的位置相对集中，形成一条被称作 E/S0 脊线的特征带。但当时测光数据有限，无法对此进行系统的研究。

随着大范围多波段巡天数据的数字化，星系团颜色研究的条件逐渐成熟起来。1992 年，英国天文学家鲍尔（Richard G. Bower）在邻近的后发星系团和室女星系团的颜色星等图上注意到，**其中的椭圆星系以相近的颜色集中分布在一个狭长的区域内，后来这个特征被证明在中高红移星系团中同样存在，被**

**称作红序列（red sequence）。星系团内不同亮度的星系因为有相同的年龄，又经历了相似的演化过程，从而呈现出相近的颜色特征。**

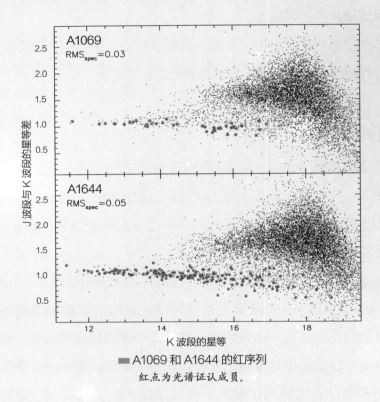

A1069
RMS$_{spec}$=0.03

A1644
RMS$_{spec}$=0.05

J 波段与 K 波段的星等差

K 波段的星等

■ A1069 和 A1644 的红序列
红点为光谱证认成员。

　　2000 年，加拿大的格拉德斯（Michael D. Gladders）和易（H. K. C. Yee）首次提出利用红序列进行星系团探测。后来的研究者在此方法基础上进行改进，提出了多个不同的算法，利用公开的斯隆数字巡天多波段数据找到了大量的星系团。如 2007 年，本杰明·P. 科斯特（Benjamin P. Koester）等人提出最可能最亮团星系（maxBCG）方法，这个方法根据每个星系的颜色及其附近天体的红序列来判断它是亮团星系（BCG）的概率，然后从整个样本中提取概率最大的星系及其周边的红序列成员，他们用这个方法在斯隆 7 500 平方度的巡天数据中找到了 13 823 个红移在 0.1 ~ 0.3 的星系团候选体。2010 年，郝建纲等人提出高斯混合亮团星系（GMBCG）算法，使用高斯混合模型在颜色星等图上提取红序列，他们在斯隆 8 240 平方度的天区中找到 55 424 个星系团候选体。2014 年，莱卡夫（Rykoff）等人发展了之前的红序列找星系团的方法，提出全新的 redMaPPer 算法，在斯隆数字巡天第 8 批公开数据（DR8）共 1.4 万平方度天区中找到 2.5 万多个星系团，由于这个算法给出的星系团可靠性很高，他们的结果被大量引用。

## 测光红移

红序列分析通常只用到两到三个波段的颜色信息，而现代的多波段巡天可以提供更丰富的选择。例如斯隆数字巡天一共有 5 个波段的观测数据，覆盖了从红外到紫外的整个可见光波段，这 5 个波段的亮度给出了一个粗略的光谱能量分布。天文学家们可以将它们的大致趋势和已有光谱数据的星系进行比对，根据它们之间的相似程度来估算可能的红移范围，这便是测光红移（photometric redshift）。由于测光红移的估算和星系的距离、类型和演化等因素都有关系，没有办法做到非常精确，系统误差比光谱红移高一个量级，但它是比颜色更为准确的距离指标，对于大样本的统计研究仍可以给出可信的结果。

2009 年，中国科学院国家天文台的文中略等人利用斯隆数字巡天第 6 批公开数据（DR6）的测光红移数据，以星系密度为判据找到 39 668 个星系团候选体，在 2011 年斯隆数字巡天第 8 批数据释放之后，他们改进了寻团算法，结合"二度好友"算法给出 132 684 个红移范围为 0.05 ～ 0.8 的星系团候选体，这是当时最大的星系团样本。2015 年，他们又根据斯隆数字巡天第 12 批公开数据对团表进行了修订和补充，使表中的星系团总数达到 158 103 个。虽然测光红移的测量精度提高很慢，但随着多波段巡天数据规模的迅速增长，新的成果也不断涌现。例如，2021 年，中国科学院国家天文台的邹虎等人使用一个新提出的基于密度峰值的快速聚类算法（CFSFDP），在覆盖 2 万平方度天区的 DESI 遗珍成像测光巡天数据中找出了超过 54 万个红移低于 1 的星系团。这些根据星系测光红移找到的星系团是我们核对其他波段数据的重要依据。

# 3

# 质量测量

测量星系团质量最简单的方法是通过质量和光度的比值，即"质光比"来估计。因为在可见光波段，宇宙中最主要的发光单元就是恒星。星系作为众多恒星的集合体，它的亮度与它所包含的恒星数目有直接关系。而星系团情况类似，它的质量越大，包含的星系就越多。星系团一般包含几十个到上千个星系，总质量一般为 $10^{13}$ ~ $10^{15}$ 个太阳质量。如果各星系团的质光比基本一致，那么我们就可以先研究距离较近的星系团的质光比，再以此估计遥远星系团的质量。星系团的总光度可以根据亮度和距离算出，但我们该如何确定第一个星系团的质量呢？

## 位力定理

19 世纪，德国热力学家克劳修斯（Rudolph Clausius，1822—1888）根据理想气体提出了位力定理，又称"维里定理"。这个定理说的是**在由离散粒子构成的稳定系统中，所有粒子的总动能等于其势能的一半**。对于由引力维系的星系团来说，其成员星系非常分散，可以看作无碰撞的粒子，只要系统在引力作用下保持平衡，就满足位力定理的适用条件。研究者可以通过成员星系的速度弥散（即方差）来估计星系团总质量。

茨威基早在 1933 年就意识到这一点，率先将位力定理应用到星系团研究中。他根据后发星系团中成员星系的运动速度对星系团的总质量进行了估计。根据观测数据，后发星系团的成员星系以平均 1 500 千米 / 秒的速度围绕中心转动，要将这些高速飞行的星系束缚在一起需要 $10^{15}$ 个太阳质量，而后发星系团的总光度约为太阳的 $10^{13}$ 倍，也就是说星系团中每 100 个太阳质量的物质才发出与 1 个太阳相当的光度，这个比值比星系中的质光比大了 10 倍。如果不是位力定理完全不适用于这类系统的话，就只能说明有大量未知的不发光物质存在于星系团中，这是学界第一次提出"暗物质"的存在。

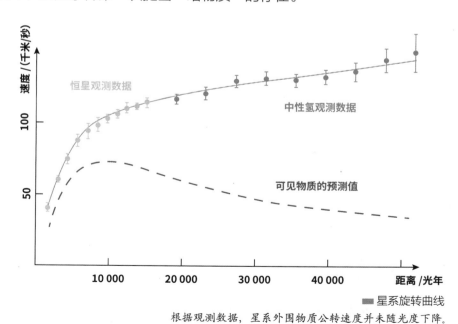

根据观测数据，星系外围物质公转速度并未随光度下降。

不过由于缺乏可靠的证据，其他天文学家并没有立刻接受这一观点。他们花了将近半个世纪来寻找其他合理的解释，最终在 20 世纪 80 年代，美国女天文学家鲁宾（Vera Rubin，1928—2016）等人以高精度的数据证明在旋涡星系外围，物质公转速度并未随光度下降而下降，这说明星系中的质量分布与发光物质分布也是不一致的，在缺少发光物质的星系外侧仍有大量不为人知的物质存在。至此，"暗物质"开始成为一个天文学家们不得不认真对待的重要问题，位力定理也被证明是估计星系团质量的有效工具。

## X 射线质量

在 20 世纪 70 年代星系团中的 X 射线辐射被发现之后，星系团中物质缺失的问题被部分解决。通过测量星系团中 X 射线辐射的光谱，我们可以得到这些高温气体的温度和密度。得到密度之后，只需要知道这些气体的分布形态，就可以得到热气体的总质量。为了方便计算，研究者们通常假定气体是球对称分布的，这样估计出的热气体质量大约是星系等发光物质总量的 4~7 倍。

而且，我们还可以根据这些热气体来估计星系团的总质量。这些温度高达数百万摄氏度的热气体就像锅炉里的水蒸气一样具有很大的压力，全凭星系团的巨大引力将它们束缚在核心处，我们可以据此估计出星系团内部的质量分布。与离散分布的星系不同，星系团内气体在空间中是连续分布的，可以对质量模型给出更细致的限制。具体做法是将 X 射线气体划分成多个等心圆环，对每个圆环中的气体进行能谱拟合，从而得到星系团内气体从内到外的温度和密度信息。如果这些气体处于流体静力学平衡状态，也就是说它们的热压力和引力相当，能够将它们维持在当前的位置，我们就可以根据它们的压力算出它们所受的引力，从而得到星系团内的物质质量分布。

不过由于 X 射线热气体只有在靠近星系团核心的地方才足够明亮，在这里可以进行这种精细的能谱测量；在星系团的外部区域，X 射线气体难以观测，这个方法就无能为力了，还是只能依靠成员星系的分布来估计。

## 引力透镜质量

位力定理要求星系团的成员星系达到动力学平衡，即弛豫状态，但星系团演化到这个阶段需要相当长的时间。宇宙诞生至今只有 138 亿年，还不足以让这些星系团都稳定下来。因此目前我们发现的大部分星系团都仍在发生大大小小的并合，只有少部分大质量星系团勉强满足这个条件。利用 X 射线气体估计星系团总质量则需要假定这些气体处于大体静止状态，引力的吸引完全由它们自身的热压力来平衡，即流体静力学平衡，这也是很难满足的理想条件。对于大量状态尚未稳定的星系团，它们的质量更适合利用引力透镜效应来估计。

1919 年，英国天文学家爱丁顿（Arthur Stanley Eddington，1882—1944）通过对日食的观测验证了爱因斯坦广义相对论的预言：**引力会使光线弯曲**。这个结果让爱因斯坦一举成名。这个现象的一个自然推论是**如果引力场足够强大，那么它会像凸透镜一样，让背景的星象产生扭曲、会聚和放大，这就是引力透镜效应**。爱因斯坦虽然在理论上预言了引力透镜效应，但他认为这个效应太小，在实际观测中没有希望看到。确实，引力透镜现象的要求十分苛刻。首先，扮演透镜角色的天体（称为透镜体）需要有非常强大的引力场；其次，在它身后合适的距离上刚好有个遥远天体作为光源，即源天体，这时我们才能在地球上看到引力透镜事件。这样的组合本来很罕见，不过宇宙中的天体足够多，只要天文学家们看得够多、够远，总能找到理想的组合。

随着天文观测技术的不断进步，太阳系外的引力透镜效应终于在 1979 年第一次被发现，天文学家们看到了一对相距很近（5.7角秒）的类星体（QSO 0957+561 A/B）。他们很快确认这是一个遥远类星体的星光经过前方的星系引力透镜后所成的两个像。这

QSO 0957+561A

QSO 0957+561B

■ 透镜类星体 QSO 0957+561 A/B

让整个天文界非常振奋，从此开始系统搜寻引力透镜事件。星系团作为透镜体的例子在 1986 年才被观测到。星系团强大的引力场将背景天体的星光扭曲为壮观的巨大光弧。根据背景星象被扭曲的位置和程度，我们就可以推算出透镜天体的物质分布，从而得到质量估计。

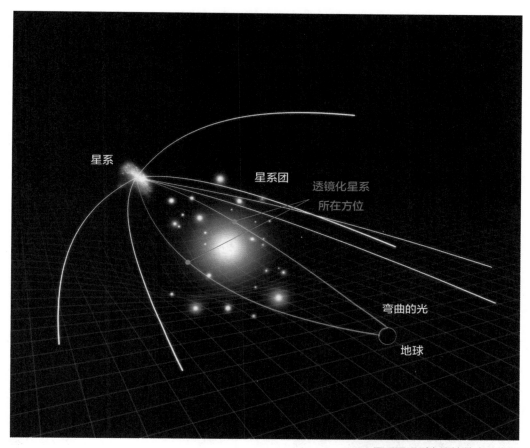

星系

星系团

透镜化星系
所在方位

弯曲的光

地球

■ 星系团强引力透镜效应示意图

　　这种能产生多个虚像的引力透镜现象称为"强引力透镜事件"。只有星系团的核心区才有足够强大的引力场造成如此强烈的空间扭曲。星系团外围物质密度没有那么高的区域只能让光子路径产生微小的偏折，背景天体的形态会因此产生轻微的形变和会聚，这被称为"弱引力透镜效应"。不过我们并不知道源天体的实际形状，只能根据同类天体的统计特征进行分析。将强、弱引力透镜方法结合起来可以得到目前最好的投影质量分布图。

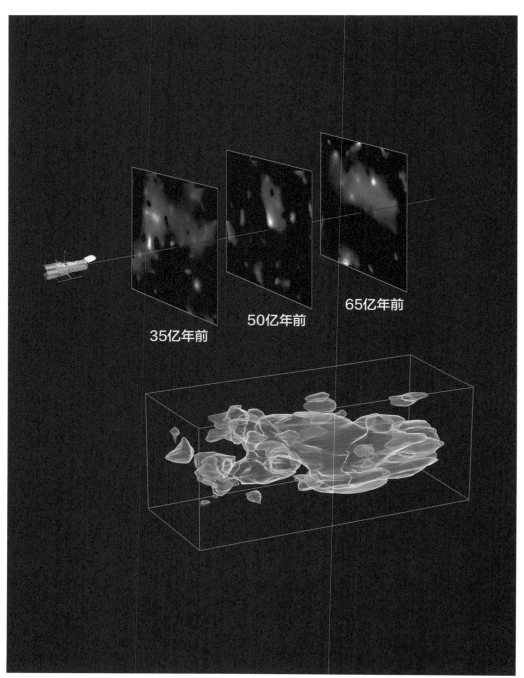

35亿年前

50亿年前

65亿年前

■ 利用弱引力透镜技术得到的空间三维物质分布

# 尺寸半径

　　星系团在宇宙中并不是孤立演化的，它始终同大尺度结构连接在一起，而且持续地吸收周围的物质，因此它不像其他天体那样有一个清晰的边界。而在实际研究中我们经常要用到它的尺寸，所以研究者们定义了一些特征半径，以方便讨论。

　　**首先是位力半径（virial radius，$r_{\mathrm{vir}}$），它是星系团内满足位力定理成立条件的范围。换句话说，在位力半径内的星系都在星系团引力的束缚下运动，就像太阳系中的行星，或者银河系中的恒星一样。**但在实际观测中，我们只能获得星系在天空中的投影位置和视线方向上的运动速度，还缺乏天空平面的运动速度和视线方向上的位置信息，没有办法直接确定哪些星系是被束缚的，所以研究者们借助计算机，通过模拟星系团的演化过程来寻找规律。1996 年，研究者们发现在模拟的球对称星系团中，在物质密度超过178 倍（精确值为 $18\pi^2$）宇宙平均密度的范围内，物质成分基本被星系团的引力束缚，满足位力定理的应用条件，而在此半径之外，物质仍处于向中心掉落的阶段。178 成为位力半径的特征值。后来人们认识到在不同的条件下，这个数值会有变化，没有必要采用精确值，于是开始使用它的近似值 180 或者 200。具体做法是**根据特定的质量模型得到星系团内部的质量分布，然后算出其密度轮廓，找到 200 倍宇宙平均密度的地方，就得到了 $r_{200}$**。虽然它不是准确的位力定理适用边界，但作为一个简明的特征半径被广泛接受。

在此基础上，研究者们还定义了 $r_{500}$，即 500 倍宇宙平均密度处，它大致对应 X 射线热气体的辐射区域。此外还有 $r_{2\,500}$，它覆盖了强引力透镜的发生区域。因为在球对称模型中，某个位置所受的引力只和该处半径以内的质量有关，

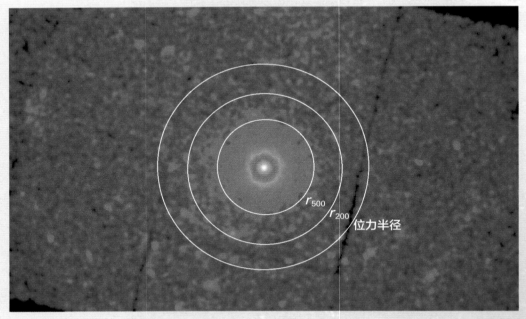

■ 星系团 A383 的特征半径
底图为牛顿望远镜拍摄的 X 射线图像。

这些特征半径对于忽略复杂的外部特征，研究特定尺度上的物理问题很有帮助。

由于位力半径不可直接观测，在实际使用中很不方便，而 $r_{200}$ 的物理含义又不够清晰，研究者们一直在留意其他能将星系团同周围环境区分开的性质特征。2014 年，有研究者在数值模拟结果中发现，**落入星系团中的粒子会在第一个远心点（距中心最远点）处堆积起来，形成一个壕沟般的物质密度跳变带，这被称为回溅半径（ splashback radius，$r_{sp}$ ）。**虽然在实际应用中，由于暗物质晕的结构不对称，以及可观测的示踪天体数密度不足等原因，要清晰辨认回溅半径还存在不少困难，但它毕竟给星系团边界的定义和测量提供了新的思路。

除此之外，我们还可以从其他角度讨论星系团的尺度。我们知道，宇宙空间在发生整体性的膨胀，即使所有的星系都停止运动，它们之间的距离仍在不停地增加。对于我们的地球、太阳系，甚至银河系来说，这个效应被引力抵消，可以忽略不计。那么，星系团中的星系是否会受到宇宙膨胀的影响？在星系团的尺度上，宇宙膨胀带来的分离效应确实已经大到一个无法忽视的程度。在描述宇宙膨胀的哈勃－勒梅特定律中，哈勃常数为 70 千米 /（秒·兆秒差距），也就是说，相距 1 兆秒差距的两个天体会在宇宙膨胀的影响下以 70 千米 / 秒的速度相互远离。在星系团外围 10 兆秒差距的距离上，星系会有超过 700 千米 / 秒的退行速度，这已经和星系团的引力效果相当。研究者们根据这一性质定义了 "**回转半径**"（**turn-around radius**），**它大约相当于 12 倍宇宙平均密度处的半径，即 $r_{12}$。只有在回转半径内的天体才能被星系团的引力留住，不至于被膨胀的宇宙时空带走。**

■梅奥尔望远镜

# 第四章

# 星系团的演化

庄子曾在《逍遥游》中说"朝菌不知晦朔，蟪蛄不知春秋"，感慨生命有限，宇宙无穷。对于演化时间超过数十亿年的星系团来说，我们今天所看到的景象，不过是它们漫长生命历程中的瞬息剪影。我们怎么才能知道它们的诞生与归宿呢？

望远镜可以拍下这些星系团的照片，这些图像涵盖了不同距离处，有着不同大小、年龄、形态的星系团。我们相信这些星系团的演化过程是相似的，就像不同种族的人类都会经历生老病死一样。虽然这些星系团各不相同，但它们有着相似的成员、相近的尺度，在相同的物理定律制约下演化，因此我们将这些图像拼凑起来，就能得到一个星系团演化的完整过程。为了验证我们的理解是否正确，天文学家们在计算机中构建宇宙的初始模型，设定好最初的参数，然后让它在基本物理定律的规则下自发演化，看最后得到的物质分布和天体统计性质是否和我们实际观测中看到的结果一致，这就是数值模拟。

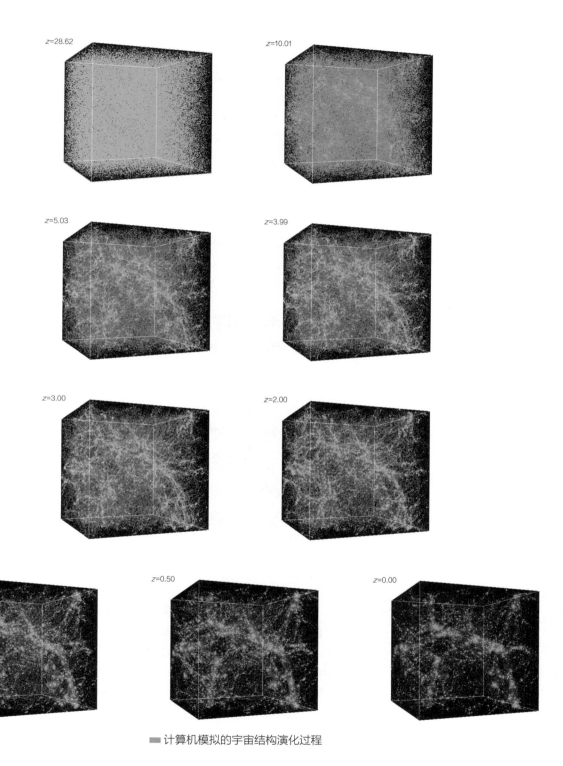

■ 计算机模拟的宇宙结构演化过程

# 1

# 数值模拟

在 17 世纪牛顿提出万有引力定律之后，人们终于明白引力主宰着宇宙中的天体运动。根据简单的平方反比定律❶，我们可以计算任意两个天体之间的引力大小，天文学家们从此可以精确计算绝大部分太阳系天体的轨道。然而，人们很快发现，即使知道了决定天体运动的因素，我们还是没有足够的能力处理更复杂的问题。即使只额外增加一个天体参与引力相互作用，我们也无法用解析的办法得到结果，因为任何一个天体的位置变化都会直接影响另外两个天体，这便是"三体问题"。

---

❶ 平方反比定律指物体或粒子的作用力与距离平方成反比关系。例如天体之间的万有引力、电荷之间的库仑力、灯泡的照度都随着距离的平方线性衰减。

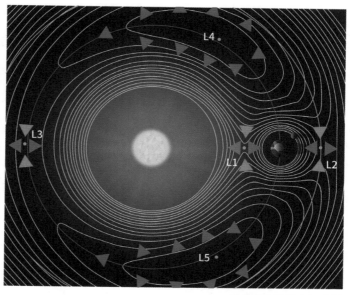

　　尽管有许多出色的数学家给出了三体问题在特定条件下的解答，例如 18 世纪的法国数学家拉格朗日得出，在两个大天体构成的引力势场中存在 5 个特殊位置，可以让小天体保持稳定，这 5 个点被称为拉格朗日点，但这对于有待处理的复杂的天体问题来说远远不够。现在我们知道，即使初始条件有细微的差别，也会造成系统随后运动的极大差异，这使得对系统的长期预测变得不可能，我们称为"混沌"。

　　既然三体问题不存在通用解，科学家们只能通过数值的办法对它进行近似的计算。他们选取一个很小的时间区间，考虑天体在某一时刻所受的作用力，把它们在这个小时间区间内的运动简化为直线运动来计算，只要这个时间区间取得足够小，就可以获得足够高精度的数值结果。这个办法最主要的问题是它的计算量很大，而且会随着天体数目的增加而迅速增大，要研究宇宙中大量天体的分布和演化因此成为一个奢侈的梦想。

20世纪50年代，计算机的出现为天文学家们带来了新的希望。由于早期计算机性能的限制，最初的计算机模拟还无法处理太复杂的问题，只是在星系的尺度上进行测试。直到20世纪70年代，集成电路技术的应用大幅度降低了计算机的成本和能耗，计算能力也有显著提升。天文学家们开始尝试对宇宙进行数值模拟。具体的做法是给定一个方形的空间，按照宇宙诞生之初的条件向里面投放一定数量的物质粒子，并规定它们相互作用的机制和条件，剩下的事情就交给计算机，让这些粒子自发地演化，研究者只要观察它们的运动和分布，并和对应时期观测到的数据相比较，就能知道理论模型在多大程度上是正确的。

随着计算机性能的不断提升，这类数值模拟的规模和精度也在随之进步，从20世纪70年代的几百个粒子发展到今天的数百万个粒子，考虑的物理机制也从简单的引力作用扩展到流体力学、气体冷却、恒星演化、超新星反馈、活动星系核活动、星际磁场、黑洞生长等许多细节。研究者考虑的机制越详尽，计算机模拟就能够给出越丰富的细节以供核对。

通过数值模拟，我们不仅可以验证宇宙诞生的初始条件，也能够厘清物质演化过程中的主导机制，甚至预言未来的演化趋势。在大多数时候，研究者们关注的是和现实数据不一样的地方，这有助于我们发现现有模型中的问题，寻找新的研究方向。

值得一提的是，数值模拟中所用的粒子通常并非恒星或者星系，而是暗物质团块，因为暗物质占到了宇宙中物质总量的80%以上，发光的恒星和星系都是在暗物质构成的引力势场中运动。代表这些暗物质成分的粒子数目一般是由模拟所用计算机的性能决定的。研究者们总是想要更多的粒子来尽量提高模拟结果的精度，然而这意味着计算量的急剧攀升。计算所用的超级计算机不仅造价不菲，运行期间也需要高昂的电费和维护费用，所以我们对宇宙模拟的精细程度本质上是由我们的技术能力和经济发展水平共同决定的。

# 2

# 结构演化

　　数值模拟技术让我们得以重现星系团乃至宇宙结构演化的整个过程。宇宙大爆炸之后，空间膨胀，温度下降，基本粒子从混沌中涌现。约38万年后，宇宙温度降到约2 900开尔文，质子开始与电子结合，产生稳定的中性氢原子。没有了自由电子的阻碍，光子开始在宇宙中自由传播，宇宙终于变得透明。这些光子在宇宙中漫无目的地穿行，温度在悠长的岁月里逐渐降低，今天它们的温度已经降到2.7开尔文。这些光子就是我们能探测到的宇宙中最早的光——宇宙微波背景辐射，它有着能观测到的最高红移——约1 100。整个背景辐射是高度均匀的，在各个方向上都呈现出相当均匀的温度，只有不到万分之一的温度起伏。正是这微小的起伏记录下宇宙早期物质分布的不均匀性。这些早期物质分布的微小涨落正是我们今天看到的宇宙结构的种子。

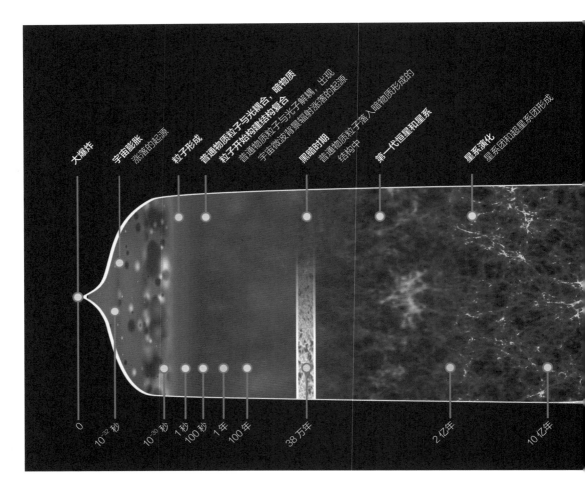

早期宇宙始终存在随机的密度涨落，这是由于高温粒子的无规则运动使有的地方粒子会暂时多一点，相邻的地方粒子密度就会小一点。但只要宇宙足够热，气体的热压力就能够对抗高密度区的内部引力，让各处的粒子密度重新趋于均匀。但是随着宇宙膨胀的进行，宇宙的平均温度在持续下降，在某一时刻，密度涨落引起的引力聚集效果超过了气体的压力，这些粒子就不再分开，高密度区开始在引力的作用下聚集，并吸引更多的粒子加入，这个过程一旦开始就无法逆转。越来越多的粒子聚集起来，形成物质团块。宇宙持续膨胀，这些物质团块却一直在收缩。这段漫长的岁月，我们不清楚它从具体什么时候开始，

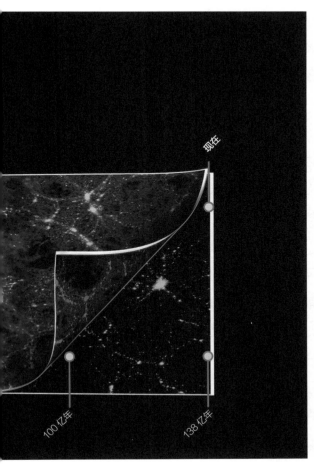

现在

100 亿年

138 亿年

■ 宇宙演化示意图

又在什么时间结束。因为在此期间，宇宙中除了背景辐射之外再没有其他的光，研究者们将这段时期称为"黑暗时期"。

在这段时间里，所有的物质都在向附近的大质量中心缓缓聚集。随着物质密度增加，原本已经冷却下来的原子又在聚集过程中重新被加热，温度逐渐升高。大约经过一亿年，终于有团块积累到足够多的物质，用自身的重量把中心压成了一个核聚变反应堆。那里的温度超过 1000 万摄氏度，原子核之间的库伦力已经无法阻止它们之间的碰撞，核聚变就此启动。氢原子核聚变为氦原子核，释放出光子和巨大的能量，宇宙从此被星光点亮。

宇宙中的第一代恒星有充足的燃料供应，它们的质量很大，"燃烧"速度也很快，大部分会在几百万年内走到生命尽头，然后以超新星爆炸的方式将合成的所有元素重新抛洒回星际空间。下一代恒星在它们的余烬中诞生时，就已经包含了更多的元素，不再只有氢和氦。

恒星的生死轮回就这样持续上演。新生的恒星一旦开始"燃烧"，就会将外部尚未落入的气体吹散，不过恒星之间的距离仍在引力的作用下不断减小，于是，最早的星系也在物质团块中逐渐显出轮廓。在更大的尺度上，众多星系所在的物质团块也在彼此靠近，物质密度的增加又引发了新的恒星形成，密度最高的地方聚集了大量的恒星和星系，这便是日后星系团的前身——原星系团（protocluster），周围的物质都被它的引力牵引着向中央掉落。距离中心较远的物质并不是像雨水落向大地那样径直落向质量中心。质量较小但距离较近的密度中心对它们的引力远大于遥远的大质量团块，所以它们会先向附近的小质量密度中心移动，然后随着整个小集团一起前往大质量中心，就像前往城市的村民要先去镇上坐车一样。星系团之间的物质在两端引力的牵引拉扯下收缩成纤维一样的丝状结构，构成了通往质量中心的物质高速公路。而物质密度稍低于平均值的地方则不断失去物质，变得越来越空旷。于是，原本物质近乎均匀分布的宇宙在接下来的100多亿年里，逐渐形成了一张海绵般的物质巨网，其中物质密度最高的地方都镶嵌有明亮的星系团。

星系团的生长是通过不断并合完成的。距离较近的小质量星系群融合在一起，于是有更强的引力吸引更多离得稍远的星系群。这是一个"自下而上"式的自发演化过程。由于有些星系群之间的距离非常遥远，它们需要几十亿甚至上百亿年才会相遇，所以直到今天我们看到的大部分星系团都仍有并合活动的迹象。星系团在并合过程中，不同的物质成分会呈现出不同的行为特征。作为质量主体的暗物质不发光，也不和其他物质相互作用，它们只负责提供其他物质运动的引力场，主导并合的进程。高温的 X 射线气体会相互融合，如果并合星系团的相对运动速度很快，还会在热气体中造成激波，这些激波会将部分能量传递给星系团中的低温电子，让它们发出射电辐射。而星系相对于星系团整体的尺寸很小，在大多数情况下，它们会安全地穿过星系团中心，不会发生碰撞，这个特征和暗物质相似，所以天文学家们能够根据团内星系的分布来推测暗物质的存在。

不过，偶尔也会出现例外，当个别星系在运动过程中离得太近时，它们就会被彼此的引力所吸引，发生碰撞并合，最终合成为一个更大质量的星系。

当超级计算机能够根据基础的物理原理自发地生成我们在宇宙中看到的各种现象和过程时，我们就能对现有的理论和宇宙模型充满信心。正如爱因斯坦说过的那句名言"宇宙最不可思议的地方就在于它是可以被理解的"。

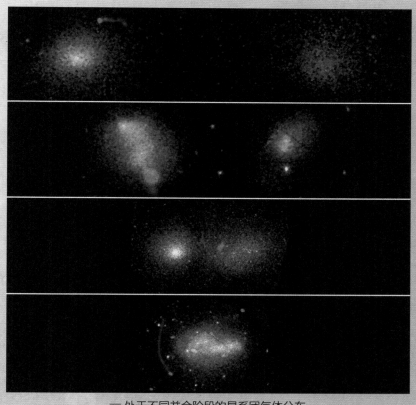

■ 处于不同并合阶段的星系团气体分布
红色为射电辐射。

星系团 A2744

第五章

# 著名星系团

# 1

## 室女星系团

银河系的总质量约为 2 万亿倍太阳质量，在宇宙中算是个大星系。在它周围有数十个较小的星系（称为"矮星系"）在围绕它转动，大、小麦哲伦云就是其中最著名的两个，这些较小的星系会在未来被银河系吞噬。距离银河系最近的大星系是仙女星系，它的质量比银河系稍大一些，它和银河系一起主宰了附近的宇宙空间，组成了一个叫作"本星系群"的小集团，包含近百个星系。在引力的作用下，仙女星系正以 100 千米 / 秒的速度向我们飞来，它如今距离我们 250 万光年，预计会在 40 亿年后与银河系迎面相撞，然后融合为一个更大、更明亮的星系。

从本星系群再往外找，还有一些类似的小星系群，但是没有壮观的星系团，因为银河系处于宇宙中一个相对空旷的区域，相当于宇宙物质网上最纤细的部分。**距离我们最近的星系团远在 5 300 万光年之外，它位于室女座方向，因此被称为室女星系团（Virgo Cluster）。**

室女星系团包含上千个星系，它们在天空中的张角超过 10°，这差不多是我们在眼前伸直手臂时，手掌宽度所覆盖的大小。这个星系因为距离我们较近，被很仔细地研究过。早在 18 世纪，天文学家们就记录下其中最明亮的一些成员，如 M49、M58、M59、M60、M61、M84、M85、M86、M87、M88、

■ 室女星系团全景

■ M87 光学图像

M89、M90、M91、M98、M99、M100，这 16 个来自梅西叶星表的星系后来都被发现是室女星系团的成员。在这些星系中，最出名的是 M87。

M87 是银河系附近质量最大的星系之一，虽然距我们有 5 300 万光年之遥，比仙女星系远 20 多倍，但视亮度仍达到 9 等，用小望远镜就能看到。它没有明显的旋臂，也没有布满尘埃的星系盘，万亿颗恒星形成一个明亮的光晕，即使在天文台的专业望远镜中也显得模糊不清，这样的星系被称为椭圆星系。椭圆星系可能是由众多星系并合而成的，因此经常出现在星系团的中心区域。这些星系内部的冷气体和尘埃已经在之前的并合过程中被消耗殆尽，只剩下见惯了星际波澜的年老恒星兀自燃烧着。

  M87 最令人着迷的地方是它的核心，它在中心处孕育了一个超大的黑洞，质量达到太阳的 65 亿倍，足足比银河系中心的黑洞重了 1 000 倍！可以说，这个黑洞是 M87 中心的主宰。一些不幸的恒星或者星云一旦离它过近就会被强大的潮汐力撕成碎片，落入万劫不复的黑暗深渊。不过，那些天体并非径直掉入黑洞。它们原本围绕黑洞转动，在下落的过程中会越转越快，如果转得足够快，还是有机会暂时停留在毁灭的边缘，这些"死里逃生"的碎片在黑洞周围堆积出一个高速转动的物质盘——吸积盘。但这个临时的避难所并不稳定，因为天体碎片源源不断地从四面八方掉落进来，和之前抵达的物质发生摩擦和挤压，靠内侧的物质一旦受到阻碍，转动速度减慢，就会越过黑洞的边界，消失在连光都无法逃逸的视界中。在某些我们尚未理解的机制作用下，部分粒子会在坠落时被黑洞高速喷出，形成尺度巨大的喷流，逃离死亡的陷阱。M87 的喷流就是其中最容易被观察到的一个。

  M87 的中央黑洞作为离银河系最近的大质量黑洞，自然成为黑洞研究的首选。2017 年，一个国际天文研究团队联合全世界最强大的射电望远镜组成干涉仪，对 M87 的中央黑洞进行深度观测，经过两年艰辛浩繁的数据处理工作之后，终于在 2019 年 4 月公布了人类历史上第一张黑洞照片。

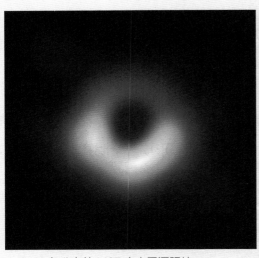
■2019 年公布的 M87 中央黑洞照片

■2021 年更新的 M87 中央黑洞照片

黑洞本身当然是看不到，这张 2021 年更新的朦胧的照片呈现的是黑洞边缘因摩擦而升温的吸积盘，它就像漩涡周围的水流一样勾勒出入口的形状。在黑洞这一概念被提出的 104 年后，我们终于看到了它边界的模样。

虽然 M87 质量很大，又位于室女星系团的核心区，但它并非室女星系团中最亮的成员，远离中心的星系 M49 比它稍微亮 0.2 个星等。居于星系团中心位置的星系有充足的外部物质供应，很容易成长为系统中最大、最明亮的星系。如果它还不是最亮的成员，则说明星系团还在经历并合过程，远未达到内部平衡。1991 年，"伦琴"卫星在 X 射线波段拍摄的室女星系团内热气体分布清晰地显示出室女星系团不规则的形态。

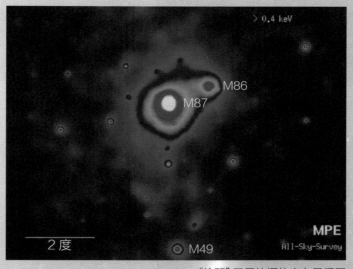

■ "伦琴"卫星拍摄的室女星系团

M87 所在的位置有最强的 X 射线辐射，证明这里是星系团的质量中心。不过在 M86 周围也存在大量高温气体，这意味着 M86 所在的另一个物质团块刚进入星系团内，还没有来得及融合。而 M49 在 X 射线波段也非常明亮，这说明它的中心存在一个超

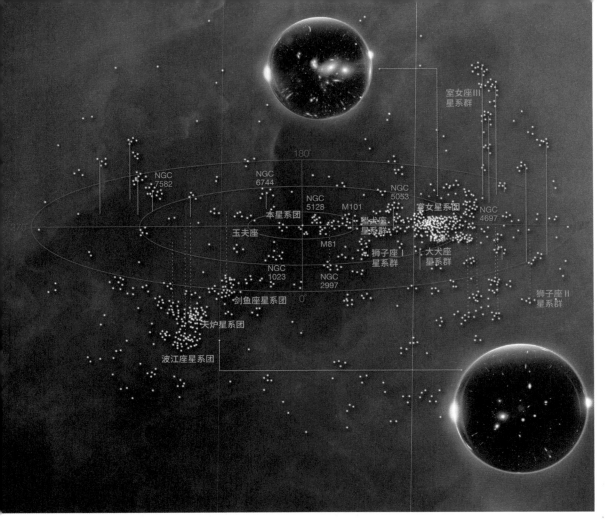

■ 银河系附近的星系群和星系团
　放大部分为室女星系团和天炉星系团。

大质量黑洞，不过它周围暗淡的热气体辐射说明它所在的物质团块总质量较小，不足以聚集大量气体并加热到足够高的温度。

　　在室女星系团外围还有很多小型的星系群，它们和室女星系团一起组成了一个本超星系团（也称为室女超星系团）的系统，我们的本星系群也是其中的成员。

　　室女星系团的质量非常大，会在遥远的未来聚拢这个超星系团中的大部分成员，但是银河系所在的本星系群刚好在它的势力范围之外。由于宇宙空间的膨胀，我们和室女星系团之间的距离在慢慢增加，银河系最终会脱离这个距离我们最近的星系集团，成为一个孤立的星系群。这也许是件好事，毕竟星系团中强烈的 X 射线对于脆弱的生物体来说是致命的。

# 后发星系团

后发星系团（Coma Cluster, A1656）位于后发座，是大质量星系团中离我们最近的一个。后发座位于银河系自转轴在北天所指的方向上，即北银极。由于远离银河盘面，这个方向的前景恒星和尘埃都很少，特别适合观测银河系外的星系。后发星系团到我们的距离比室女星系团要远一些，有3.2亿光年（红移0.023），所以在天空中的张角比室女星系团的小，只有2°。这对于研究者来说是个有利条件，因为大部分天文望远镜的视场张角都小于1°，如果星系团离我们太近，成员分布就会过于分散，望远镜很难获取系统的全貌，只见树木不见森林；但如果星系团离我们过远，可见的成员又会变少，而且很难看清星系的细节特征。后发星系团恰好处于这样一个远近合适的距离上，这让它成为一个理想的研究目标。

■ 哈勃空间望远镜拍摄的后发星系团核心

■ 牛顿望远镜拍摄的后发星系团图像

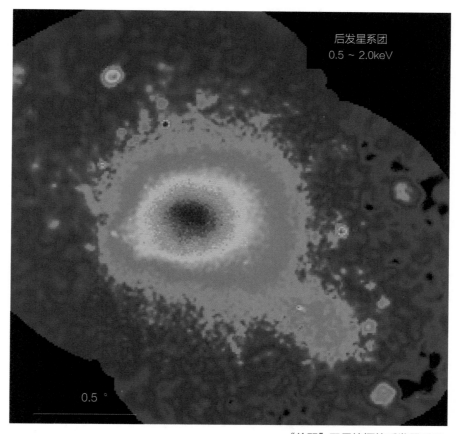

后发星系团
0.5 ~ 2.0keV

0.5 °

■ "伦琴"卫星拍摄的后发星系团

在 20 世纪初，德国天文学家沃尔夫就是因为拍摄后发星系团，开始怀疑这些云雾状的天体之间有真实的物理联系，从而揭开了现代星系团研究的序幕。20 世纪 30 年代，美籍瑞士裔天文学家茨威基也是在对后发星系团的研究中，发现"暗物质"存在的迹象。20 世纪 60 年代，它是第一批在 X 射线波段被探测到的星系团。在射电波段，它是第一个被发现有射电晕和射电遗迹的星系团。在微波波段，它又是首个通过 SZ 效应被探测到的邻近星系团。可以说，在星系团研究领域，它长期以来被当成一个范本。

早期的研究者根据光学星系分布和低分辨率的 X 射线图像认为后发星系团是一个规则、弛豫的大质量星系团。20 世纪 90 年代后，基于更高质量的数据，研究者们发现它的形态并不规则，仍在经历并合活动。后发星系团中心并没有中央主导星系，而是有两个亮度相当的巨椭圆星系 NGC 4874 和 NGC 4889。星系团的热气体分布也在这两个星系的连线方向上有所拉长。此外，在它西南侧有个以椭圆星系 NGC 4839 为首的星系群正在向团中央掉落，从它身后甩出的气体尾迹来看，它已经处于轨道的最远处，正准备重新接近中心。

这样的并合活动对于团内星系的性质和演化都有重要的影响。在大质量星系团中，年老的椭圆星系的比例一般很高。后发星系团包含的上千个成员星系中有 80% 以上都是椭圆星系或透镜星系，只有 10% 左右是类似银河系的旋涡星系，而且越靠近中心的区域椭圆星系的比例越高。而在星系团之外，大部分星系都呈现旋涡星系的形态。那么星系团是如何改变团内星系形态的？在后发星系团中，我们可以通过观察刚落入团中的星系找到一些线索。

2019 年，天文学家们利用哈勃空间望远镜在后发星系团中找到了一个正在高速坠落的旋涡星系——D100。

D100 星系目前正位于后发星系团的核心区域。星系之间的广袤空间虽然在光学波段看起来十分空旷，但在 X 射线波段可

■ D100 星系

D100 中心气体由于受到冲压剥离，在运动的反方向形成壮观的红色尾迹。

以看到那里仍分布着大量高温气体。外来星系在这样的环境中高速运动，会明显感受到气体产生的黏滞与阻碍。这个阻力会将星系中的尘埃和气体从星系中剥离，形成类似彗星的尾迹。这类星系仿佛像水母一样伸出长长的触手，因此被称为"水母星系"。尽管名称美丽，这类失去了自身气体的星系同时也失去了孕育年轻恒星的条件，等待它们的将是寂寞终老的结局。从这个意义上说，光辉灿烂的星系团不是星系的家园，而是星系的墓地。

# 3

# 英仙星系团

英仙星系团（Perseus Cluster, A426）是X射线天空中最明亮的星系团，也是低红移星系团中质量最大的一个。它到我们的距离约为 2.5 亿光年（红移 0.018），介于室女星系团与后发星系团之间。与这两个星系团很大的不同是它有中央主导星系 NGC 1275，而且在 X 射线波段有非常明亮的冷核，这使英仙星系团成为研究星系团冷核问题的首选星系团。

现代研究者把所有这些线索拼接到一起，给出了一个清晰的图像：英仙星系团中致密的热气体因为辐射而持续损失能量，冷却下来的气体向中央星系 NGC 1275 沉降，在它周围凝结为分子云，构成

■ 英仙星系团

■ NGC 1275

我们看到的丝状结构。这些低温气体被持续输送到
星系中，年老的椭圆星系获得新的气体注入，又开
启新的恒星形成活动。星系中心有一个 3 000 万倍
太阳质量的超大质量黑洞，它也分得部分"食物"，
变得活跃起来。黑洞在"进食"过程中还会向外喷
出部分物质，喷出物的能量非常大，其中的电子以
接近光的速度向外飞出，并在磁场的影响下发出同

■ 英仙星系团内的热气体结构

步辐射，于是我们能在射电波段看到尺度巨大的喷流。NGC 1275 的射电喷流将它们运动路径上的高温气体推开，在 X 射线图像上形成空腔。这些喷流在传播过程中会通过湍流等方式将能量传递给高温的 X 射线气体，从而维持气体的高能辐射。X 射线波段的冷核正是因此才能长期存在。在英仙星系团的 X 射线图像中可以清晰看到能量向外传播时产生的涟漪。

# 4

# 子弹星系团

子弹星系团（Bullet Cluster, 1E 0657-56）最早是 20 世纪 90 年代研究者从爱因斯坦天文台巡天数据中发现的，因此它的编号以 1E 开头。天文学家们发现这个星系团具有不规则的 X 射线形态和高达 17keV 的温度。单凭引力要把气体加热到这么高的温度需要星系团有非常大的质量，甚至超出了当时宇宙学模型所预言的最大质量。后来研究者发现它可能处于剧烈的并合阶段，气体被碰撞活动加热，这样就不再需要引入大质量团块。不过要确认并合的细节并不容易。子弹星系团远在 30 亿光年（红移 0.296）之外，在天空中的张角仅有 5 角分。全世界只有一架望远镜有能力看清其中的细节，那就是美国在 1999 年 7 月发射的钱德拉 X 射线天文台，这架望远镜拥有接近极限的 0.492 角秒分辨率，能够看清并合的细节。

■ 子弹星系团

黄色为可见光图像, 红色为 X 射线热气体, 蓝色为引力透镜质量分布。

2004 年, 美国天文学家克洛 ( Douglas Clowe ) 等人利用弱引力透镜方法计算了子弹星系团中的质量分布, 他们发现这个星系团中热气体所在的位置几乎没有暗物质存在, 暗物质和星系都跑到了气体的前方。要知道, 在正常星系团中, 光学星系和 X 射线热气体都被束缚在暗物质所构筑的引力势阱内, 我们很难确定暗物质更像气体还是粒子? 但在星系团碰撞过程中, 光学星系几乎不会发生碰撞, 就像机群穿越云层; 只有热气体会撞在一起。如果相对运动速度超过能量在气体中的传播速度, 后方的气体就会撞上前方的气体, 形成高温的激波面。所以, 研究者们普遍认为子弹星系团给出了暗物质存在的直接证据。虽然热气体成分占到了星系团正常 ( 重子 ) 物质总量的 70%, 但是它们的运动仍由占据物质总量 80% 以上的暗物质主导。气体在暗物质的质量牵引下发生超声速的碰撞; 暗物质的行为则与气体截然不同, 更像碰撞过程中未受影响的星系或恒星, 只是它们并不发光。

0.5 倍声速　　　　1.0 倍声速　　　　2.0 倍声速

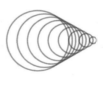

■ 激波示意图

　　虽然暗物质可以解释我们在星系团中看到的很多现象，但我们对于它的存在形式仍知之甚少。天文学家和粒子物理学家都提出了许多候选体，迄今无一得到证实，于是有研究者开始怀疑会不会是其他地方出了问题。因为位力定理是由牛顿引力理论推导而来的，有研究者认为也有可能是牛顿引力理论在大尺度上并不适用，毕竟我们从来没有机会在很大的尺度上检验它。他们对引力理论进行了修改，使它在大尺度上的行为稍有不同，这样就可以解释我们在星系和星系团中观测到的物质运动，而不需要引入额外的"暗物质"。这类假说被称为"修改的牛顿动力学"（Modified Newtonian Dynamics，简称 MOND 理论）。不过引力作为宇宙中的基本作用力，对它的改动影响到宇宙学理论的方方面面。现有的 MOND 理论虽然部分解决了暗物质问题，但在其他方面引起了更多的问题，所以也还一直没有被广泛接受。

# 5 列车残骸星系团

　　列车残骸星系团（A520）是一个与子弹星系团类似的并合系统，不过它的情况要复杂得多，而复杂才是宇宙真实的一面。从它的名字可以看出，这是一个艾贝尔星系团，它在被发现后的很长一段时间里都没有引起研究者的注意。它的红移在 0.2 附近，对于 X 射线望远镜来说不是一个很近的目标。直到钱德拉 X 射线天文台成功发射之后，天文学家们才有合适的设备揭开它的秘密。

■ 列车残骸星系团

　黄色为可见光图像,红色为X射线热气体,蓝色为引力透镜质量分布。

　　2002 年，天文学家马尔克维奇（Maxim Markevitch）等人在发现了子弹星系团内的激波之后，开始寻找类似的并合系统。他们很快注意到 A520，并拿到了钱德拉 X 射线天文台的深度观测时间。钱德拉 X 射线天文台的高质量数据证实这是第二例存在激波的并合系统，不过它的并合速度没有子弹星系团那么快，因此激波轮廓不是那么明显。

　　2007 年，加拿大的一个研究团队用地面光学望远镜数据分析了这个星系团内的星系分布和物质分布，他们为这个星系团起了个昵称叫"列车残骸星系团"（Train Wreck Cluster）。他们发现，A520 的光学星系和子弹星系团一样，在碰撞过程中与 X 射线热气体分离。不过奇怪的是，用弱引力透镜方法得到的暗物质分布和热气体大体吻合，与光学星系的分布并不一致。研究者们在星系团中心几乎没有光学星系成员的地方探测到暗物质分布的信号，这和子弹星系团的情况大相径庭。如果暗物质粒子在碰撞中的行为与光学星系不一致，那么人们之前认为的暗物质粒子不参与相互作用的假设就在某种情况下不再成立。文章发表后引起了很多关注，一时间众说纷纭。

加拿大的研究团队后来分散到世界各地寻求更好的发展：第一作者去了美国，第二作者去了荷兰，只有第三作者还留在加拿大。不过他们一直保持着合作。2012 年，他们利用质量更好的哈勃空间望远镜拍摄的数据对 A520 重新进行了分析，进一步证实了他们之前的结论：A520 中心有个不对应光学星系的暗物质核心。几个月后，之前在子弹星系团中找到暗物质的克洛等人用哈勃空间望远镜中高级巡天相机（ACS）的数据，结合地面望远镜的大视场数据，重新分析了 A520 中的质量分布，却得到了完全相反的结论：他们并没有找到前一篇论文中声称的暗物质中心。克洛等人认为 A520 中暗物质仍与光学星系分布相同，和子弹星系团并无二致。那么问题来了，到底谁的结论是对的呢？

前一个团队在 2014 年作出了回应，他们用与克洛等人相同的 ACS 数据再次分析了 A520 的结果，得到了和此前稍有不同的暗物质分布——暗物质核心还在，只是位置发生了轻微变化。他们以此捍卫了自己的结论，但也承认以前的结果不那么稳定。虽然论文通过了同行评议并最终发表，但显然并没有说服所有人。

科学家们最不缺的就是怀疑精神，既然两个团队使用相同的数据得到了相反的结论，而所有的数据和方法都是公开的，只要重复他们的工作总可以找出问题所在。

2017 年，法国的一个研究团队用自己的算法独立地验证双方的结果，两个竞争团队也都友好地提供了自己的数据帮助检查。法国的研究团队发现以现有数据很难得到稳定的结果，根据不同的条件设定，算法有时候能找到暗物质核，而稍微改变一下模型参数，结果又会截然相反。所以，他们最后承认两个团队的结果都是可以重复的，不过暗物质核存在的显著性并没有第一个团队论文中所说的那么高。一方面，根据奥卡姆剃刀原则"如无必要，勿增实体"，他们倾向于认为 A520 中的暗物质和子弹星系团中的一样，是不会发生碰撞的粒子。另一方面，弱引力透镜方法探测的是观测路径上所有物质的投影分布，不考虑前后位置差异，原则上与星系团相连的纤维结构也有可能造成额外的质量分布特征，所以只有一个证据是不够的。

　　关于 A520 中物质分布的研究目前就停留在这个阶段，科学家们对它的并合过程尚无定论。这也许有些令人沮丧，但科学研究就是这样，承认现有能力和技术的局限，尊重客观事实才是应有的态度。

# 6

## 宇宙透镜 A1689

引力透镜效应不仅能够用来测量星系团的质量，还可以用来研究星系团背后更遥远的天体。引力透镜像光学透镜一样，对成像的天体有放大的效果。有一些距离遥远的天体，亮度本来低于现有望远镜的探测极限，但在经过星系团透镜效应的放大之后就可以被观测到，这对于我们研究早期宇宙很有帮助。

A1689 是一个位于 25 亿光年（红移 0.183）之外的大质量星系团，总质量超过 $10^{15}$ 倍太阳质量，热气体温度达到 9keV 以上（约合 1 亿摄氏度）。它的 X 射线形态非常规则，呈现为对称的圆形，看上去像是一个发育得很好的弛豫星系团。但是中心处不像其他弛豫星系团那样有一个明亮的冷核，而且气体温度分布并不对称。于是研究者们怀疑它可能刚好是以对称性最好的一个角度朝向我们。在光学波段不仅

■ A1689

可以看到它中心处众多明亮的成员星系，还可以看到众多背景星系被它强大的引力场弯折成巨大的光弧。研究者们可以根据这些光弧的位置来计算产生它们所需的物质质量，结果发现通过引力透镜效应得到的质量比由 X 射线高温气体压力得到的质量高很多，这说明它在视线方向上存在拉长的结构。它们由于被中心遮挡而对 X 射线的形态影响不大，但产生的强大引力仍不容忽视。

A1689 中的引力光弧不仅可以帮助我们研究它的质量分布，还可以用于研究位于它背后的遥远天体。**根据引力透镜的数学模型，如果源天体刚好出现在理想透镜体的正后方时，我们看到的像将是一个完美的圆环，这被称为"爱因斯坦环"。如果源天体的位置稍微偏了一点，我们就无法看到完整的圆环，而是会形成多重像。**例如，著名的"爱因斯坦十字"（Einstein Cross）就来自强引力透镜形成的五重像，只不过位于中心处的像不够明亮且被遮挡无法看到，剩下了排成十字形的四重像。星系团中的情况要更复杂一些，首先，源天体是星系时，它们本身就不是点源，延展的形状决定了星系不同的部分会有不同的放大率和成像位置；其次，作为透镜体的星系团也不是理想的球形，会给图像带来额外的扭曲和缩放。要研究星系团中的强引力透镜事件，就需要克服所有这些困难，在混沌中寻找秩序。

2002 年，在航天员乘坐哥伦比亚号航天飞机为哈勃空间望远镜换上全新的高级巡天相机（ACS）后不久，天文学家们就利用这架新相机对 A1689 进行了深度观测。他们花了 3 年时间检查了视场中的每一个像素，一共找到了来自 30 个背景星系的 106 个像！它们的红移在 1 ~ 5.5，其中有很多星系多亏引力透镜的放大作用才能够被看到。这给我们研究高红移星系提供了难得的机会。

2015 年，天文学家们又从哈勃空间望远镜拍摄的 A1689 近红外图像中找到了一个非常黯淡的天体 A1689-zD1，但它在可见光波段的图像中却并不可见，这说明它的距离非常遥远。因为恒星的表面温度通常为几千到数万摄氏度，它们的辐射峰值主要位于可见光波段附近，由恒星构成的星系自然也是如此。而宇宙中所有天体的光线在传播过程中都会受到宇宙空间膨胀的影响而发生波长向光谱红端移动的现象，这被称为宇宙学红移。对于非常遥远的天体来说，它们的光线在抵达我们之前都会在宇宙中旅行相当长的时间，从而产生很大的红移量，这样原本的可见光辐射就移动到红外波段。所以天文学家们可以用这种方法来寻找遥远的星系。而且由于光速不变，这些遥远的光是在很久之前出发的，为我们提供了宇宙早期历史的关键信息。

对 A1689-zD1 的光谱分析表明它的红移高达 7.5，对应大爆炸之后仅仅 7 亿年，这是我们发现的宇宙中最早期和最暗弱的星系之一。当时的宇宙正处于"再电离时期"。宇宙从大爆炸的余温中冷却下来之后，中性氢云像浓雾一样弥漫在空间中。随着第一代恒星和星系开始形成，最早的星光中的高能光子将周围的中性氢云逐渐电离。这个过程一直持续到大爆炸之后 9 亿年（红移 6）。由于数据稀少，我们对于那时的宇宙面貌只有十分模糊粗略的概念。A1689-zD1 的亮度被前景星系团放大了 9 倍，我们才得以窥见宇宙童年时期的样子。虽然它在图像上只呈现为一个不起眼的灰斑，但我们从中可以知道它质量并不算大，而且富含尘埃。这意味着在那个时期，宇宙中一定存在众多具有类似大小但无法被我们看到的星系。它们把宇宙中的气体聚集起来，在恒星核心处聚变为重元素，再通过"壮烈的死亡"把重元素抛洒回宇宙空间，从而制造出星尘。这个过程早在 130 亿年前就已经开始，直到今天仍在继续。

# 7

# 主并合星系团

　　星系团的生长是通过并合完成的。不过大多数并合过程是小质量物质团块落入大质量星系团中，在这种情况下，星系团主体结构受到的影响很小。有些时候也会发生像子弹星系团那样大质量星系团之间的碰撞，星系团的外观和性质都会受到很大的影响。研究者们**通常将质量比高于 3 : 1 的并合事件称为"次并合"，而将低于这个比例的并合活动称为"主并合"**。

　　星系团在并合过程中，其中的各种组成成分由于物理性质不同会表现出不同的行为特征，研究者可以根据这一点来探测其中的物质属性。如星系由于数量少且质量大，几乎不会发生直接碰撞，但会丢失内部的气体成分；星系团内的热气体由于密度小且有黏滞性，会有明显的碰撞和形态变化；暗物质成分如果不参与相互作用，行为会和星系类似，不过无法直接观测，只能通过星系分布和引力透镜等效应来探测。

星系团的并合过程会持续数十亿年的时光。我们没有办法观察整个经过，但可以找到处于不同并合阶段的星系团，用它们来拼出一个完整的并合过程。下面我们就结合具体的天体，来看一下并合星系团不同时期、不同角度的美丽剪影。

## 并合早期 A399/A401

　　A399/A401 是一个低红移处的大质量并合星系团。它们中心相距约0.6°，约合 3 Mpc，即 978 万光年。它们目前处于并合阶段的极早期，

■普朗克卫星探测到的 A399/A401 之间的热气体分布

即使两者以 1 000 千米 / 秒的速度相向而行，也还要再过 30 亿年才会发生第一次接触。虽然它们相距遥远，但在它们中间的区域已经开始有变化发生。2006年，日本的"朱雀"号（Suzaku）X 射线卫星对两个星系团中间的区域进行了15 万秒的深度观测，研究者发现该处的气体温度高达 6keV，比单个星系团模型预言的 4keV 要高不少，他们认为这是原本位于两个星系团之间的纤维结构被压缩加热导致。2019 年，《科学》杂志发表的一篇论文报告了低频阵（LOFAR）在 140 兆赫兹频段在两个星系团中间位置观测到射电桥，作者认为这是碰撞前的挤压过程加热了两个星系团中间的物质。所以，虽然并合前的星系团相距甚远，但是它们之间的物质属性已经在悄然地发生变化。

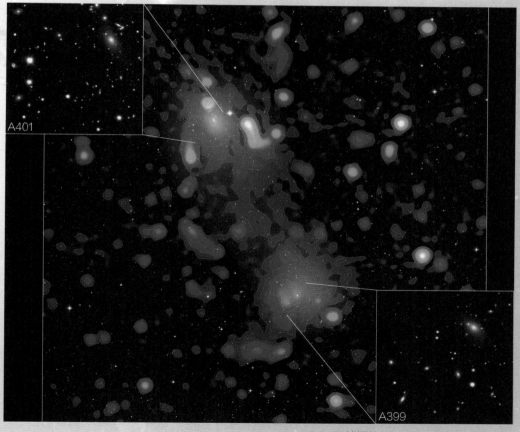

■ LOFAR 拍摄的 A399/A401 之间的射电桥

## 并合前期 1E 2215 / 1E 2216

　　虽然处于并合前期的星系团对有很多，但很快就会发生并合的例子并不多。星系团 1E 2215 和 1E 2216 就是这样一对少见的系统。它们距离地球约 12 亿光年，正处于并合前的最后阶段。两者之间的投影距离只有 640kpc，约合 208 万光年。这对于星系团来说是个很小的距离，它们的核心区很可能会在几亿年内发生接触。研究者结合"朱雀"号和牛顿望远镜的数据，发现两个星系团之间区域的气体温度已经高于两个星系团内的气体。印度的大型米波射电望远镜（GMRT）也在这个区域发现了垂直于并合方向的射电辐射。研究者认为这个结果提供了星系团在并合早期产生冲击波的证据，冲击波正沿垂直的方向从连接处向外传播。

■ 1E 2215 / 1E 2216
黄色为可见光图像，蓝色为 X 射线热气体，红色为射电辐射。

## 并合中 A2256

　　A2256 是一个距离我们相对较近的大质量星系团，离我们 8.5 亿光年（红移 0.058）。它目前正处于多个成分的激烈并合过程中，在光学波段，它没有中央主导星系，在核心区域有多个亮度接近的大星系，它们注定要在漫长的绕转之后融为一体。在 X 射线波段，它的热气体形态很不规则，看上去好像有两个成分刚刚接触。在射电波段情况显得更为复杂，在甚大阵（VLA）拍摄的 1.4 吉赫兹的图像中，多个射电星系拖着长长尾迹，像彗星一样在星系团内高速飞行，外侧还有大范围的不规则射电遗迹。天文学家们要综合分析各个线索，还原出一个合理的并合过程，同时解释所有的现象。

■ A2256

黄色为可见光图像，蓝色为 X 射线图像，红色为射电图像。

首先来看射电星系。星系中心的黑洞在"进食"过程中会向外喷出物质，在射电波段产生明亮的喷流结构。如果这时星系本身还在星系团内高速运动，这些喷出物质会在星系运动的反方向折叠，形成尾迹。尾迹的长度和星系运动的方向、速度及周围环境中的物质密度都有关系。如果这些喷流和周围的环境发生相互作用，就会形成形态复杂的小结构，就像图中左侧出现的那样。这些射电星系虽然令人瞩目，但毕竟单个星系的运动有很大随机性，它们可能来自某个正在并合的成分，也可能本来就在星系团内运动，所以很难用于整体并合过程的分析，在研究星系团尺度的活动时通常不会把它们包含在内。但是反过来，星系团的活动会作为环境因素影响这些星系的性质，至少 A2256 中的射电星系比例是偏高的。

右上方的延展射电遗迹有些奇怪，它的尺度非常大，不可能是个别星系的活动造成的，而且它位置靠外，形态也不规则，看起来不像是下方正在并合的两个团块造成的。研究者不得不引入额外的并合成分来解释它的存在。可能在这个方向上（从左下到右上）发生过其他并合活动，对应的 X 射线热气体已经融入星系团中心，无法分辨。并合产生的激波扫过这个区域，造就了延展的射电辐射。如今它们正在消散，所以轮廓已不再规则。

星系团中心区还有一个弥散的射电晕，在低频阵（LOFAR）得到的低频射电图像中非常明显，它显然和那里的并合活动密切相关。在 X 射线波段可以清楚看到一个新落入的星系团带来了大量热气体，它的温度和重元素含量都和核心区的气体性质明显不同，这说明它们仍处于相接不久的阶段，泾渭分明。

这样我们就拼出了一个多重并合的星系团图像，它和光学波段的星系分布也大致吻合。如果不借助多波段的数据，我们就只能看到一群来历不明的混乱星系而已。

## 并合中 A2744

如果你觉得 A2256 是个很复杂的星系团，那你就错了。宇宙在挑战我们的想象力方面，从没有让人失望过。

下面这张烟花般绚烂的图像来自一个复杂的并合星系团 A2744，它距离我们 35 亿光年（红移 0.3）。从 X 射线波段的图像上来看，它似乎并没什么特别之处，虽然形状不太规则，但还是能看到一个明确的核心，右上方还有一小团气体在向中央掉落。但是当研究者把光学图像和 X 射线图像放在一起之后，他们感到非常困惑，因为他们发现光学星系和 X 射线热气体并不重合，于是研究者用希腊神话中打开邪恶盒子的人物为之命名，称其为"潘多拉星系团"。

■ A2744

黄色为可见光图像，蓝色为 X 射线热气体，红色为射电辐射。

潘多拉星系团中至少有 4 个成分在参与并合，而且它们不像 A2256 中那样先后到达，它们几乎是同时进入核心区。气体在中央处发生碰撞，而星系和暗物质径直穿过它们，毫无挂碍地继续前行。研究者们利用引力透镜效应研究了视场中的物质分布，发现热气体所在的核心处并非质量中心，大部分物质都分布在气体的外侧，也就是说原本位于星系团核心处的暗物质晕也在并合成分的作用下被拽了出来，偏离了中心。相比之下，射电波段的图像就正常多了，核心处弥漫的射电辐射晕显示出那里的低温电子从并合产生的热气体湍流中获得了能量，远处弧状的射电遗迹也表明尺度巨大的激波正通过那里。

潘多拉星系团中的并合成分都来自它周围的大尺度结构。那些连接着星系团的细丝状纤维结构就像城市间的高速公路一样，把外部的气体和星系群源源不断地输送给星系团，让它们迅速生长。如果仪器足够灵敏，就可以直接看到那些为星系团输送物质的纤维结构。2015 年，有研究者声称利用牛顿望远镜在 A2744 外围探测到了多条纤维结构，找到了"失踪的重子"。虽然论文被《自然》杂志接收发表，但还是有很多研究者对这个结论持保留态度。谁对谁错，只有等下一代 X 射线望远镜上天之后才能揭晓。

## 并合晚期 A2142

一方面由于射电辐射需要持续的能量输入，当星系团并合活动进入不那么剧烈的后期阶段，相关的射电活动就会很快停止，所以对于并合晚期的星系团来说，在射电波段看不到明显的大范围的活动特征。另一方面，由于辐射 X 射线的热气体有明显的相互作用，它们也会很快融为一体，无法分辨。相比之下，光学星系因为不会发生碰撞，在星系团内运动时的阻力很小，能够在相当长的时间内保持并合前的运动状态。

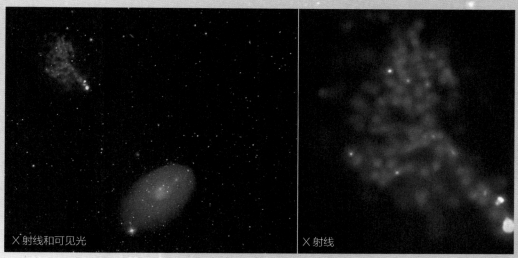

X 射线和可见光　　　　　　　　　　X 射线

■ A2142 的沉降星系群及其放大图

　　A2142 就是这样一个并合后的大质量星系团，它内部因并合而产生的射电晕比较微弱，X 射线形态也相对规则，中心处看不到明显的子结构。但它并不像其他大质量星系团那样在中心处有一个明亮的巨椭圆星系，而是有两个亮度相近的椭圆星系。结合其他证据来看，这两个椭圆星系很可能来自不同的并合成分，而且最近的一次并合并不是对心碰撞，而是与核心擦身而过，带来的能量推动着星系团内的热气体在引力势阱中"晃动"（sloshing），就像在红酒杯内晃荡的红酒，这让 A2142 核心处的气体呈现为一个拉长的椭圆形。

　　在规模较大的并合事件之外，还有很多小规模的沉降事件在同时发生。牛顿望远镜探测到在 A2142 的外部边缘处，有一个小质量（约 $10^{13}$ 个太阳质量）的沉降星系群正在向中央掉落。其中的热气体受到团内物质冲压剥离的影响，已经在运动的反方向拖出了一条超过 800kpc（约 260 万光年）的气体尾。这些来自各个方向的沉降星系群也在持续塑造着星系团的形态，让它最终趋于对称。

# 8

# 次并合星系团

　　并合活动在星系团中非常普遍，即使没有明显的主并合活动，小质量的次并合也在持续不断地发生，即使对于一些看起来平静的星系团也是如此。

　　星系团 A85 是一个距离我们约 7 亿光年的中等质量星系团。从它的 X 射线图像上可以明显看到外围有两团气体正在向中央掉落。位于右下方 A 的一个距离较近，已经开始与主团融合；位于下方 B 的一个虽然距离较远，但也在致密团内物质的影响下开始拉长变形。A85 的核心看上去还保持着较为规则的形态，但事实并非如此。

　　通过对 X 射线和光学星系的分析，研究者发现，在 A85 的中心方向刚好有一个星系群在朝向我们运动。它的气体淹没在核心处明亮的光线中，但还是可以通过那里蓝移的谱线看出一些端倪。在同一个位置

X 射线 / 可见光

■ A85

黄色为可见光图像，紫色为 X 射线热气体。圈出的 A 和 B 是两团外围气体。

上，一群光学星系也在以相近的速度朝我们飞来。而在星系团核心的两侧，气体的温度和运动速度也和团内气体的整体运动趋势不尽相同，甚至和附近的星系运动方向也不一样。这些星系团边缘处的气体倒是与隔着星系团和它们相对的星系呈现出一致性。一个可能的解释是，这些气体也是通过最近的并合活动才进入星系团，它们与核心处的气体发生碰撞而停在外侧，对应的星系却能够顺利穿过星系团中心前往对侧。如果这些推断是正确的，那么星系团 A85 中正在发生的次并合活动就不止我们从 X 射线图像上看到的这 2 个，而是一共有 5 个。正是这些频繁的并合活动让星系团持续生长，成为宇宙中最大的引力束缚系统。

# 9

# 最远星系团

在宇宙结构的演化中，最早的星系团何时诞生是一个十分关键的问题，它与宇宙中的物质比例直接相关。主流理论认为星系团在距今 100 亿年前（红移 >2）时形成。不过要寻找早期的星系团非常困难，一方面，那时的星系团还非常年轻，内部还没有积累大量的高温气体，X 射线波段的辐射不会太强；另一方面，早期星系团距离遥远，其成员星系的光谱不容易拍摄，很难证认。

目前已知的最远、最古老的星系团 CLJ 1001+0220 是在 2016 年被发现的。研究者们联合世界上最好的光学、X 射线、射电、微波等波段的观测设备，在红移 2.506 处找到了 17 个聚在一起的暗淡光点。这些星系都没有更多的细节，因为它们

■ CLJ 1001+0220

距离我们约 111 亿光年，那时宇宙年龄只有约 27 亿岁。这些星系正处于快速增长时期，它们正在从周围的物质团块中贪婪地吸收气体，诱发剧烈的恒星形成过程，团中星系每年有约 3 400 倍太阳质量的物质变成恒星，相比之下，银河系的恒星形成率大约是每年 3 倍太阳质量。几亿年后，它们就会将团中的气体消耗殆尽，转变为不活跃的宁静星系，这个群体也完成了从原星系团到星系团的过渡。

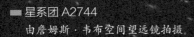

星系团 A2744
由詹姆斯·韦布空间望远镜拍摄

# 第六章

# 未来的
# 星系团研究

# 1 eROSITA

德国作为首个发现 X 射线的国家，在 X 射线探测方面有很深的民族情结。他们于 20 世纪 90 年代发射的"伦琴"卫星取得了丰硕的成果，其数据直到今天仍有不可替代的价值。由于时代技术的限制，"伦琴"卫星的能量探测范围只在 0.1 ~ 2.4keV 的软 X 射线波段。然而接替它的 ABRIXAS 宽带成像 X 射线卫星在 1999 年 4 月升空后 3 天就因为电池组故障而意外报废。这对整个天文界来说是极大的损失。全世界天文学家在整整 20 年里都没有可用于 X 射线巡天的设备。直到 2019 年 7 月，继承了 ABRIXAS 设计的下一代 X 射线巡天望远镜 eROSITA 才发射升空。

eROSITA 的全称是成像望远镜阵列扩展伦琴巡天（extended ROentgen Survey with an Imaging Telescope Array）。它是德国马克思普朗克研究所研制的新一代 X 射线巡天望远镜，是"光谱－伦琴－伽马"卫星（Spectrum-Roentgen-Gamma，SRG）上的主要观测设备。另一个设备是俄罗斯科学院空间研究所 IKI 牵头开发的 ART-XC（天文

伦琴望远镜 -X 射线集中器），这是一个在硬 X 射线波段中的 12.4 ~ 30keV 进行巡天的 X 射线望远镜，可以和主要工作在 0.2 ~ 8keV 软 X 射线波段的 eROSITA 互补。德国和俄罗斯在 2009 年达成卫星发射的正式协议，原本计划在 2012 年发射升空，但在研制开发的过程中由于各种问题，项目一拖再拖。德国负责的 eROSITA 设备最终在 2017 年 1 月运至俄罗斯。俄罗斯方面又花了两年时间完成所有的测试、组装、联调等工作，终于在 2019 年 7 月于俄罗斯租用的哈萨克斯坦拜科努尔航天发射场升空，成为第一个到达日 - 地系统 L2 点的 X 射线望远镜，正式开启新一轮 X 射线巡天观测。

eROSITA 由 7 个独立的沃尔特 I 型望远镜组成，每个单元口径为 35.8 厘米，内部嵌套 54 层镀金镜面，在 1.5keV 处的总有效接收面积达到 2 600 厘米

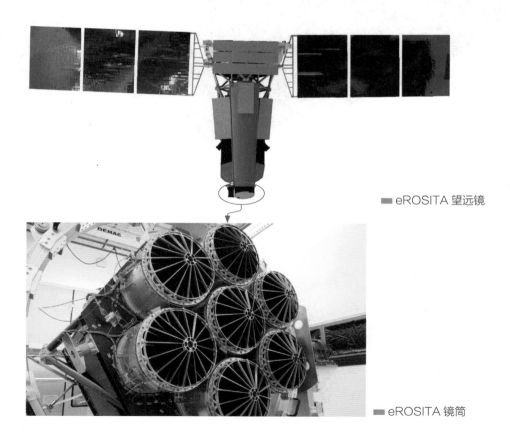

■ eROSITA 望远镜

■ eROSITA 镜筒

$^2$（在 8keV 处下降到约 170 厘米 $^2$），视场约为 1°，角分辨率在 1.5 keV 处略好于 10 角秒。因为卫星被发射到 L2 点，每半年都会随着地球公转完成一轮对全天的扫描。eROSITA 计划在 4 年的时间内对全天扫描 8 遍，完成平均曝光时间为 3 000 秒的全天巡天。在软 X 射线波段的探测灵敏度比"伦琴"卫星巡天提高了 25 倍，预计将发现 5 万 ~ 10 万个星系团和星系群，以及星系团之间的纤维结构，探测邻近星系中的黑洞和遥远的活动星系核，并详细研究银河系内的 X 射线天体，如前主序星、超新星遗迹和 X 射线双星等。

2020 年 6 月，eROSITA 官方团队放出它对全天的第一遍扫描。这张图片以前所未有的精度给出了全天主要 X 射线源的完整地图。图片以银河系中心

■ eROSITA 第一轮全天扫描

为原点，中央水平面为银盘，盘面上浓厚的尘埃和气体吸收了能量较低的 X 射线光子，因此只能看到较强的发射源。图中最明显的特征是靠近银河系中心的热气体，它们可能来自银河系中央黑洞历史上的间歇性喷发，其他亮源还包括 100 多万个超新星遗迹、脉冲星、星系团、活动星系核等各类天体。虽然这只是 eROSITA 半年的巡天成果，但已经超过了 X 射线天文学在此前 60 年发现的所有 X 射线源总和的两倍。我们有理由期待完整的 eROSITA 4 年巡天会给高能天文学和星系团等领域的研究带来激动人心的变革。而且，eROSITA 在完成全天巡天之后，会开展区域扫描和定点观测，可以探测更远、更暗弱的目标，天文学家们对它充满信心与期待。

　　除了德国，日本也是一个对 X 射线望远镜有执念的国家，自 20 世纪 70 年代以来一直在研制 X 射线卫星，几乎从未中断。2015 年，"朱雀"号卫星在运行 10 年后结束服役。2016 年 2 月，日本发射了新一代 X 射线卫星——"瞳"（Hitomi）来接替它，结果由于一个低级的软件错误，卫星只运行了一个月就在轨道上自动解体。为了弥补"瞳"卫星的失败，日本宇宙航空研究开发机构不得不联合美国国家航空航天局和欧洲航天局启动第二颗卫星的研制工作，任务工程名为 X 射线成像和光谱任务（The X-ray Imaging and Spectroscopy Mission，XRISM），该卫星已于 2023 年 9 月 6 日成功发射。

■轨道上的"瞳"卫星示意图

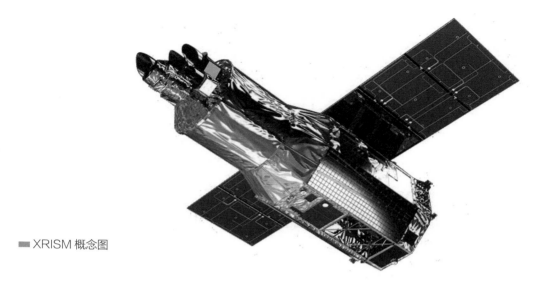

■ XRISM 概念图

　　XRISM 基本沿用"瞳"卫星的设计，但是移除了硬 X 射线设备，专注于软 X 射线波段。它携带有两个重要观测设备：量能器能谱仪（resolve）和宽场 X 射线成像仪（Xtend）。

　　其中 Xtend 是对"瞳"卫星上搭载设备的简单复制，视场为 38′ × 38′，比"朱雀"号扩大了 4 倍，但是有效面积在 1keV 处只有 374 厘米 $^2$。"瞳"卫星的角分辨率本来比"朱雀"号的 1.8 角分略有提升，达到 1.3 角分，但是由于时间和费用的限制，XRISM 把这个指标降到了 1.7 角分。所以成像研究并不是 XRISM 的强项，Resolve 才是这颗卫星的核心设备。

　　Resolve 是基于量能器（calorimeter）而非光栅来测量 X 射线能谱的仪器，它能够实现小于

7eV 的能谱分辨率，而且更适合测量展源。量能器的原理是利用吸热材料吸收 X 射线光子的能量，再通过热敏电阻测量其温度变化，计算出 X 射线光子的能量，随后接近绝对零度的散热器会将系统恢复到正常工作温度以待下次测量。

　　XRISM 卫星上的 Resolve 仪器参数与"瞳"卫星上的设备基本相同：视场大小为 $2.9' \times 2.9'$，6keV 处有效接收面积大于 210 厘米$^2$，能谱分辨率不低于 7eV。虽然它的视场和有效接收面积都不大，但凭借高质量的能谱分辨率，可以在邻近星系团的元素分布和气体团块运动等领域发挥无可替代的重要作用。"瞳"卫星在失联之前利用量能器对英仙星系团进行了一次观测，结果非常振奋人心，仪器得到的能谱精度不仅大大超越了现有能谱数据，甚至超过了当时的理论模型。

　　其实量能器的技术并不是最近才出现的，早在 20 世纪 90 年代美国戈达德航天中心的科研人员已开发出此技术。日本 2000 年发射的 ASTRO-E 卫星上就搭载了微量能器阵列，希望对 X 射线源进行高精度的能谱测量，但是那次卫星发射不幸失败。日本于 2005 年又重新发射了卫星 ASTRO-E II，也就是现在的"朱雀"号，重新搭载的量能器却因为冷却剂泄漏而无法正常工作。"瞳"卫星上的量能器能谱仪是第三次升空，但是只观测了一个天体就随着卫星解体而不复存在。如今，这颗亡羊补牢的卫星第四次尝试使用量能器观察宇宙，尝试获得那些本该 20 年前就获得的天文发现。

1999 年发射的牛顿望远镜和钱德拉 X 射线天文台设计寿命都是 3 年，如今它们已经顺利运行了 20 多年，远远超出研究者的预期。这一方面是个好消息，说明此前的设计扎实可靠；但另一方面，卫星设备迟迟不退役，天文学家们就没有合适的机会升级设备，试验更新的技术和方法。

事实上，早在 21 世纪初，欧洲航天局就开始考虑牛顿望远镜的继任者——XEUS 项目，同一时期美国国家航空航天局也提出了钱德拉 X 射线天文台的升级项目——"星座 X"天文台（Con-X）。不过由于两架现役望远镜表现突出，2008 年，欧美决定联合日本宇宙航空研究开发机构，将两个项目合并为一个更强大的 X 射线望远镜——"国际 X 射线天文台"（IXO），在 1keV 处有效接收面积达到 3 平方米。这是牛顿望远镜有效接收面积的 20 倍，是钱德拉 X 射线天文台有效接收面积的 50 倍，比 eROSITA 也要高 10 倍以上。不过这个雄心勃勃的项目在 2012 年由于美国预算削减而被迫取消。欧洲决定独立研制一个缩减版的 IXO，这就是预计 2035 年发射的雅

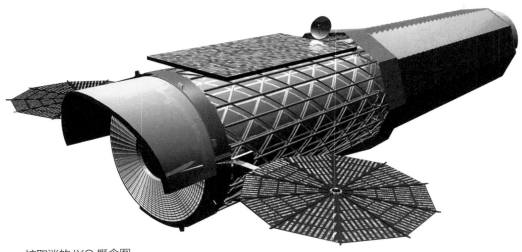

■ 被取消的 IXO 概念图

典娜望远镜（Advanced Telescope for High-ENergy Astrophysics，简称 Athena）。

这架望远镜的主要科学目标是研究重子物质在宇宙大尺度结构中的分布和演化、黑洞的演化及其对宇宙的影响。和现役的 X 射线望远镜相比，它有着 1.4 平方米的超大有效接收面积，可以轻松看到非常暗弱的 X 射线源。不过角分辨率差强人意，为 5 角秒，比现有的牛顿望远镜稍好一点。在仪器后端有两个设备，一个是拍摄图像的宽场成像仪（WFI），一个是获取光谱的 X 射线积分视场单元（X-IFU）。这架望远镜目前还处于科学论证阶段。

2016 年，美国国家航空航天局终于完成了拖延已久的詹姆斯·韦布空间望远镜的建造任务（这个项目最初在 1996 年启动，原本计划于 2007 年发射），开始考虑其他的旗舰项目。这类顶级科学卫星的预算可以超过 10 亿美元，这是一个能让整个领域发生飞跃式进步的机会。钱德拉 X 射线天文台的继任者终于有机会被提上日程，一个包含数百人的国际科学团队迅速行动起来，拿出了一个名为山猫（Lynx）的宏伟计划。

　　山猫望远镜计划使用沃尔特 – 史瓦西构型（Wolter-Schwarzschild configuration）镜面设计。和钱德拉 X 射线天文台所使用的沃尔特 I 型镜面相比，这种设计没有彗差，在视场边缘处也能保持很高的角分辨率。不过它的加工比沃尔特 I 型复杂得多，虽然只有 12 层金属嵌套镜筒，但有 37 492 片独立的超薄镜面需要以极高精度装配。最终将实现和钱德拉 X 射线天文台一样的 0.5 角秒分辨率，视场为 20 角分，不过 1keV 处的有效接收面积将为钱德拉 X 射线天文台的 30 倍以上，达到 2 平方米。

　　山猫望远镜设计有 3 个探测器，分别为高清晰度 X 射线成像仪（HDXI）、山猫 X 射线微量能仪（LXM）、X 射线光栅光谱仪（XGS）。这些设备能够充分满足图像分析、光谱分析，乃至时变分析的研究需要，在黑洞形成、星系演化、恒星演化、大尺度结构等领域发挥重要推动作用。如果最终获得批准，它将在 2036 年发射升空。

# 4 SKA

二十世纪八九十年代，成功建造了甚大阵（VLA）和大型米波射电望远镜（GMRT）等大型射电望远镜阵列的射电天文学家们开始筹划建造更大规模的射电望远镜阵列，希望能将他们的工作经验和新的工程技术相结合，继续推进射电天文学的发展。不过他们很快意识到，更大规模的阵列在人员和资金上都很难

由一个国家来承担，于是他们决定以国际合作的方式推进。1997 年，来自澳大利亚、加拿大、中国、印度以及荷兰的科学家签署了联合建造大型射电望远镜的合作备忘录。经过多方论证，新一代射电望远镜的有效接收面积被定在 1 平方千米，比 VLA 高两个量级，比 GMRT 高 20 倍，它的名字是平方千米阵列（Square Kilometre Array，SKA）。

■ 平方千米阵列（一）

■ 平方千米阵列（二）

　　平方千米阵列是一个雄心勃勃的计划。它计划在跨度 3 000 千米的范围内放置两种类型的天线阵，分别是：2 500 面 15 米口径的碟形天线构成综合孔径阵列（SKA-MID）和 130 万台低频天线组成低频孔径阵列（SKA-LOW），覆盖从 50 兆赫兹到 15 吉赫兹的超宽射电频段。在视场、灵敏度、空间分辨率、频段范围等诸多领域全面超越现有观测设备，成为地球上规模最大的综合孔径望远镜阵列。这样一个革命性的设备将为射电天文学的所有领域带来突破，包括探测宇宙中的第一批星光、研究宇宙大尺度结构形成、研究星系演化、探测宇宙磁场、研究宇宙线起源、搜寻脉冲星、监测快速射电暴、研究生命起源甚至探寻地外文明等，对于星系团内的大尺度射电辐射也能够提供前所未有的高精度数据，而且这样高质量的大规模巡天势必会发现许多前所未见的天体和现象，开启全新的研究领域。

这样一个引领时代的项目不仅会对科学的发展产生推动，对相关的技术也有巨大的挑战。平方千米阵列的高质量数据是以海量观测记录为基础的，当所有这些天线在时间、频率和空间三个维度上高频采样时，会产生海量的科学数据，预计可以达到 16TB/s。这样大规模的数据该如何存储，如何共享，又该怎样分析……这些需求对现阶段的技术产生了空前的挑战，促使行业和公司去寻找合适的解决方案。

远大的目标无法一蹴而就，平方千米阵列的筹备和建设已经有相当长的时间。2011 年，国际联盟决定采用双台址，在澳大利亚和南非分别建设。2012—2018 年是平方千米阵列的准备阶段，陆续完成建设方案、科学白皮书、探路者（Pathfinder）项目等。2019 年 3 月 12 日，7 个创始成员国在罗马签署了一份公约，宣布成立平方千米阵列天文台。

平方千米阵列天文台将分阶段建设：2022 年年底开工建设第一阶段，约占总工程的 10%，预计 2027 年左右完工；剩余的望远镜单元将在第二阶段建设，全部建成在 2030 年以后。虽然项目工期由于各种原因有所推迟，但和空间卫星相比，地面设备无论在施工、调试还是后期维护方面都有很大的优势。平方千米阵列毫无疑问将为射电天文学开启一个黄金时期。

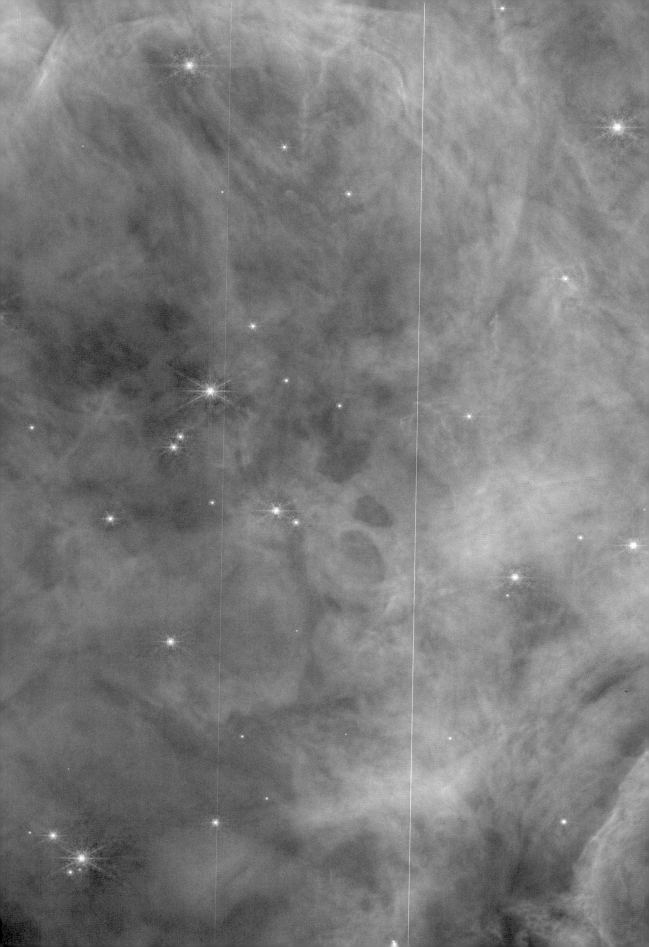

# 第七章

# 结　语

在我们身处的宇宙之中，每一秒钟，成人的心脏跳动一到两下，雨滴从天空降落 10 米，手枪子弹向前飞行 300 米，长征五号运载火箭腾空 11 千米，地球在围绕太阳的公转轨道上前行约 30 千米，太阳则围绕银河系中心运行约 250 千米，银河系则带着太阳和其他千亿颗恒星一起向半人马座方向飞奔约 600 千米……星系并不是宇宙中的物质孤岛，它们镶嵌在气体尘埃组成的纤维中，彼此相连。

　　我们位于室女星系团的边缘，但并没有朝着室女星系团移动，甚至室女座超星系团中的星系似乎也在朝着一个与室女星系团不同的方向运动，那里刚好被银河系的盘面挡住，我们无法看清它的面貌。天文学家们把这个神秘的区域称为大吸引子（Great Attractor）。但在大吸引子之外还有什么？更多的超星系团，还是更大的质量中心？没有人知道答案。银河系在宇宙中的飞行就像小溪中的一片叶子随波逐流地汇入江河。

　　同浩瀚的宇宙相比，人类无疑是渺小的。不过我们仍可以从尘埃一般的星球上仰望苍穹，借助那些史诗般的天体，超越自身的局限，理解宇宙的结构和演化。我们看到的这些星系团，就像天帝宫殿中的明珠一样，以自身闪耀的光芒映照出整张璀璨的巨网，纵然只有惊鸿一瞥，也能让人从此心系更广袤的时空。

■水晶球中的银河系

# 附录一　图片署名列表

| 页 码 | 图 名 | 署 名 |
|---|---|---|
| 62—63 页 | 活动星系核假想图 | ESO M. Kornmesser |
| 65 页 | 宇宙物质和能量组成 | ESA |
| 68 页 | 星系团 A2744 | NASA, ESA and J. Lotz, M. Mountain, A. Koekemoer and the HFF Team (STScI) |
| 69 页 | 星系团 A2218 | NASA, ESA, A. Fruchter and the ERO Team (STScI, ST-ECF) |
| 74 页 | M84 的多波段图像 | X-ray: NASA CXC MPE A. Finoguenov et al. |
| 75 页 | 活动星系核假想图 | ESA NASA, the AVO project and Paolo Padovani |
| 76 页 | 星系团 A3667 | Francesco de Gasperin |
| 77 页 | 星系团 A2744 | NRAO AUI NSF; NASA CXC ITA INAF; ESO; NASA STScI; NAOJ Subaru |
| 80 页 | 星系谱线红移 | Georg Wiora (Dr. Schorsch) |
| 80 页 | 条形码一样的天体光谱 | ESO |
| 87 页 | 星系旋转曲线 | Mario De Leo |
| 90 页 | 透镜类星体 QSO 0957+561 A/B | ESA Hubble & NASA |
| 92 页 | 利用弱引力透镜技术得到的空间三维物质分布 | NASA, ESA and R. Massey (California Institute of Technology) |
| 96—97 页 | 梅奥尔望远镜 | KPNO NOIRLab NSF AURA P. Marenfeld |
| 101 页 | 拉格朗日点分布示意图 | Xander89 |
| 104—105 页 | 宇宙演化示意图 | ESA-C. Carreau |
| 108—109 页 | 星系团 A2744 | Pearce et al.; Bill Saxton, NRAO AUI NSF; Chandra, Subaru; ESO |
| 111 页 | 室女星系团全景 | ESO Digitized Sky Survey 2 |
| 111 页 | M87 光学图像 | ESO |
| 112 页 | 2019 年公布的 M87 中央黑洞照片 | EHT Collaboration |
| 112 页 | 2021 年更新的 M87 中央黑洞照片 | EHT Collaboration |
| 113 页 | "伦琴"卫星拍摄的室女星系团 | Max-Planck-Institut für extraterrestrische Physik (MPE) |
| 114 页 | 银河系附近的星系群和星系团 | ESO |
| 116 页 | 哈勃空间望远镜拍摄的后发星系团核心 | NASA, ESA and the Hubble Heritage Team (STScI AURA) |
| 117 页 | "伦琴"卫星拍摄的后发星系团 | S. L. Snowden USRA, NASA GSFC |
| 119 页 | D100 星系 | NASA ESA Hubble |

| 页 码 | 图 名 | 署 名 |
|---|---|---|
| 121 页 | 英仙星系团 | Marie-Lou Gendron-Marsolais, Julie Hlavacek-Larrondo, Maxime Pivin Lapointe |
| 138 页 | 1E 2215 / 1E 2216 | X-ray: NASA CXC RIKEN L. Gu et al. |
| 141 页 | A2744 | NASA, ESA, J. Merten and D. Coe (STScl) |
| 148—149 页 | 星系团 A2744 | NASA, ESA, CSA, I. Labbe (Swinburne University of Technology), R. Bezanson (University of Pittsburgh), A. Pagan (STScl) |
| 151 页 | eROSITA 望远镜 | Pline |
| 151 页 | eROSITA 镜筒 | erosita mirrorplatform sn |
| 152—153 页 | eROSITA 第一轮全天扫描 | Jeremy Sanders, Hermann Brunner and the eSASS team (MPE) Eugene Churazov, Marat Gilfanov (on behalf of IKI) |
| 154 页 | 轨道上的"瞳"卫星示意图 | JAXA |
| 159 页 | 山猫望远镜概念图 | Grant Tremblay |
| 160—161 页 | 平方千米阵列（一） | SKA Project Development Office and Swinburne Astronomy Productions |
| 162 页 | 平方千米阵列（二） | SKA Project Development Office and Swinburne Astronomy Productions |
| 167 页 | 水晶球中的银河系 | Juan Carlos Muñoz-Mateos ESO |

# 附录二　编辑及分工

| 书　名 | 加工内容 | 编辑审读 | 专家审读 |
|---|---|---|---|
| 向月球南极进军 | 统　稿：刘晓庆 | 陆彩云　徐家春　刘晓庆<br>李　婧　张　珑　彭喜英<br>赵蔚然 | 黄　洋 |
| 火星取样返回 | 统　稿：徐家春 | 徐家春　吴　烁　顾冰峰<br>张　珑　曹婧文　赵蔚然 | 王　聪 |
| 载人登陆火星 | 统　稿：徐家春 | 徐家春　李　婧　顾冰峰<br>张　珑　徐　凡　赵蔚然 | 贾　睿 |
| 探秘天宫课堂 | 统　稿：徐家春<br>插图设计：徐家春<br>　　　　　赵蔚然 | 徐家春　曹婧文　彭喜英<br>张　珑　徐　凡　赵蔚然 | 黄　洋 |
| 跟着羲和号去逐日 | 统　稿：徐家春<br>插图设计：徐家春<br>　　　　　赵蔚然 | 徐家春　许　波　刘晓庆<br>张　珑　曹婧文　赵蔚然 | 王　聪 |
| 恒星世界 | 统　稿：赵蔚然 | 徐家春　徐　凡　高　源<br>张　珑　彭喜英　赵蔚然 | 贾贵山 |
| 东有启明<br>——中国古代天文学家 | 统　稿：徐家春<br>插图设计：赵蔚然<br>　　　　　徐家春 | 田　姝　徐家春　顾冰峰<br>张　珑　高　源　赵蔚然 | 李　亮 |
| 群星族谱<br>——星表的历史 | 统　稿：徐家春 | 徐家春　曹婧文　彭喜英<br>张　珑　高　源　赵蔚然 | 李　良<br>李　亮 |
| 宇宙明珠<br>——星系团 | 统　稿：徐家春 | 徐家春　彭喜英　曹婧文<br>张　珑　徐　凡　赵蔚然 | 李　良<br>贾贵山 |
| 跟着郭守敬望远镜<br>探索宇宙 | 统　稿：徐家春 | 徐家春　高　源　徐　凡<br>张　珑　许　波　赵蔚然 | 黄　洋 |
| 航天梦·中国梦<br>（挂图） | 统　稿：赵蔚然<br>版式设计：赵蔚然 | 徐　凡　彭喜英　张　珑<br>高　源　赵蔚然 | 李　良<br>郑建川 |